자연과 인문을 버무린

과학비빔밥 3

_식물 편

자연과 인문을 버무린
과학비빔밥 3 식물 편

초판 2쇄 발행일 2023년 5월 19일
초판 1쇄 발행일 2021년 4월 9일

지은이 권오길
펴낸이 이원중

펴낸곳 지성사 **출판등록일** 1993년 12월 9일 **등록번호** 제10-916호
주소 (03458) 서울시 은평구 진흥로 68, 2층
전화 (02) 335-5494 **팩스** (02) 335-5496
홈페이지 www.jisungsa.co.kr **이메일** jisungsa@hanmail.net

ISBN 978-89-7889-464-7 (44470)
978-89-7889-461-6 (세트)

청소년을 위한 과학 읽기

자연과 인문을 버무린

과학비빔밥 3

권오길 지음

지성사

여는 글

필자가 우리 고유어(토박이말)를 많이 쓴다 하여 '과학계의 김유정'이란 소리를 듣기도 합니다. 또 50권이 넘는 생물 수필(biology essay) 책을 썼고, 지금도 여러 신문과 잡지에 원고를 보내고 있으니 생물 수필 쓰기에 거의 평생을 바쳤다 해도 지나친 말이 아닐 것입니다. 글에 고유 토속어를 즐겨 쓰는 것은 물론이고, 참 많은 속담, 관용구(습관적으로 쓰는 말), 고사성어(옛이야기에서 유래한 한자말), 사자성어(한자 네 자로 이루어진, 교훈이나 유래를 담고 있는 말)를 인용(끌어다 씀)하였지요. 생물 속담, 관용어 등등에는 그 생물의 특성(특수한 성질)이 속속들이 녹아 있기 때문에 그렇습니다.

다시 말하지만 선현(옛날의 어질고 사리에 밝은 사람)들의 삶의 지혜(슬기)와 해학(익살스럽고도 품위가 있는 말이나 행동)이 배어 있는 우리말에는 유독 동식물을 빗대 표현하는 속담이나 고사성어가 많은데, 이를 자세히 살펴보면 거기에 생물의 특징이 고스란히 담겨 있음을 알 수 있습니다. 그래서 속담이나 고사성어들에 깃든 생물의 생태나 습성을 알면 우리말을 이해하고 기억하는 것이 보다 쉬워진답니다.

필자는 이미 일반인을 위한 『우리말에 깃든 생물 이야기』(여기서 우리말이란 속담, 관용어, 사자성어 따위를 뜻함) 6권을 펴냈습니다. 그런데 그 책들을 낸 뒤에 가만히 생각하니 우리 청소년을 위한 책을 내야겠다는 생각이 문득 들었습니다. 대신에 인간(우리 몸), 동물, 식물을 따로 한 권씩 묶어 출판하고자 마음먹었지요.

식물(풀)에서 만들어진 결초보은(結草報恩)이란 말을 들여다볼까요? 이는 "풀을 묶어(結草) 은혜를 갚는다(報恩)."는 뜻으로 죽어서까지도 은혜를 잊지 않고 갚음을 이르는 말입니다. 그런데 여기서 말하는 풀은 다름 아닌 그령입니다. 그령은 줄기를 새끼 대신으로 쓸 만큼 아주 질긴 풀로 유명하지요. 이야기의 주인공인 그령 말고도 그령 무리에는 각시그령, 참새그령, 갯그령 따위가 있답니다. 또한 "그령처럼 살아라."란 말이 있으니, 그령은 질경이처럼 생명력이 검질긴(끈질긴) 풀이라서 하는 말입니다.

그령은 밭가나 마을길 한복판에 줄지어 나는데, 사람 발길이 포기를 반으로 갈라놓아도 길길이 자랍니다. 그래서 가끔 우리네 장난꾸러기 악동들은 양쪽의 길고 질긴 풀대를 한 묶음씩 모아 서로 친친 동여매어 놓는 장난을 칩니다. 아닌 밤중에 홍두깨라고, 영문(까닭)도 모르고 지나는 사람들이 매듭에 걸려 넘어집니다. 아까부터 몰래 숨어 지켜보던 또래들은 천연덕스럽게 웃어젖힙니다. 매듭이 얼마나 질긴지 덩치 큰 소도 걸리는 날에는 몸이 휘청하지요.

그렇습니다. 속담(俗談)이란 예로부터 일반 백성(민초, 民草)들 사이에 전해오는, 오랜 생활 체험을 통해 생긴 삶에 대한 교훈 따위를 간결하게 표현한 짧은 글(격언)이거나, 가르쳐서 훈계하는 말(잠언)이기도 합니다. 그래서 속담엔 옛날 사람들이 긴긴 세월 동안 생물들과 부대끼며 살아오면서 생물을 관찰, 경험(체험)하고 또 인생살이에서 여러 가지 보고 배우며 느낀 것이 묻어 있지요. 다시 말해 속담엔 한 시대의 인문·역사·과학·자연·인간사들이 그대로 녹아 있어서 어렴풋이나마 그 시대의 생활상을 엿볼 수 있습니다. 그리고 무엇보다 보통 사람들의 익살스럽고(남을 웃기려고 일부러 하는 우스운 말이나 행동) 해학(유머, 위트)적인 삶이 그대로 스며 있습니다.

교훈이나 유래를 담은 한자 성어나, 우리가 습관적으로 자주 쓰는 관용어(관용구)도 속절없이 속담과 크게 다르지 않습니다. 간단하면서도 깔끔한 관용어 한마디는 사람을 감동시키거나 남의 약점을 아프게 찌를 수도 있답니다.

끝으로 이 책에는 대표적인 식물 50꼭지를 골라서 썼습니다. 무엇보다 이 책을 읽고, 생물을 이해하는 데 큰 도움이 되었으면 합니다. 또한 이런 생물 수필을 자주 읽고, 많이 써보아서 나중에 훌륭한 논문을 더 잘 쓸 수 있게 되길 바랍니다. 우리나라 일부 유명 대학과 세계적으로 이름난 대학에서 과학 글쓰기를 강의하는 까닭도 사고의 폭을 넓힐뿐더러 좋은 논문 쓰기에도 그 목적이 있는 것입니다. 젊은 독자 여러분들의 행운을 빕니다!

권오길

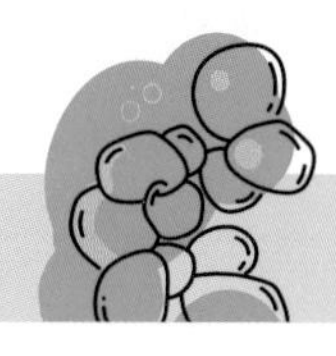

풀

나무

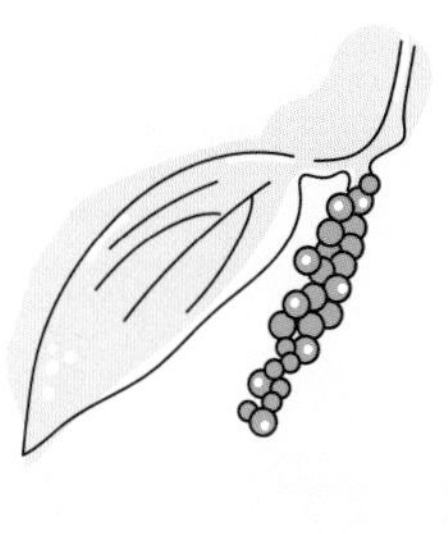

일러두기

1. 본문의 외래어 표기는 국립국어원의 표기 원칙을 주로 따랐다.

2. 책의 제목은 『』로, 작품의 제목(시, 시조, 소설 등)은 「」로 나타냈다.

3. 분류에서 과(科) 이름은 알아보기 쉽도록 사이시옷을 빼고 표기하였다.

   (예: 볏과 ⇨ 벼과)

4. 진균류에 딸린 버섯은 식물은 아니지만 '풀'에서 다루었다.

5. 사진(그림) 출처는 책의 뒤쪽에 따로 실었다.

풀

— 초본

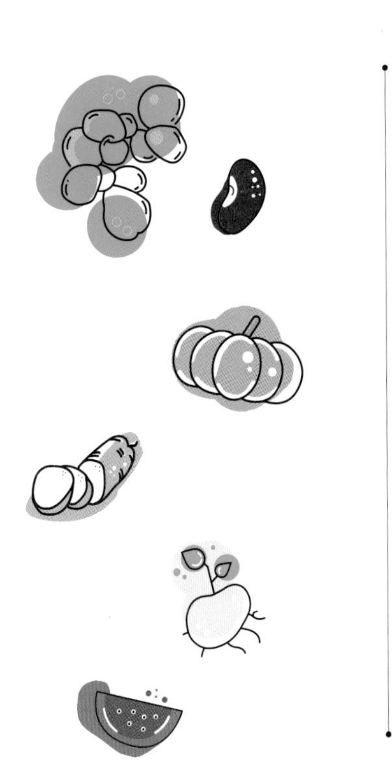

쪽

검푸른 인디고 빛깔을 내는 염료식물

쪽(남, 藍, indigo)은 마디풀과의 한해살이풀로 주로 밭에서 재배한다. 원산지(동식물이 맨 처음 자라난 곳)는 중국이지만, 우리나라에서 전통적으로 염료(물감)를 얻기 위해 재배하는 대표적인 식물이었다. 같은 마디풀과의 여뀌와 생김새가 아주 비슷한데 사람들이 구별하기 어려울 정도로 닮았다. 여뀌는 키가 40~80센티미터로 6~9월에 붉은빛의 꽃이 피고, 잎은 매운맛이 나서 조미료로 쓰기도 한다.

잎을 염료로 쓰는 쪽

쪽과 닮은 개여뀌

쪽은 키가 50~70센티미터이고, 줄기는 붉은빛을 띤 자주색으로 곧게 자란다. 잎은 어긋나기 하고, 긴 타원형으로 양 끝이 좁으며, 가장자리가 밋밋하다. 또 끝이 뾰족하게 날카로우며, 거치(톱니)가 없고, 마르면 짙은 남색(푸른빛을 띤 자주색)을 띤다. 잎자루는 짧고, 막질(얇은 종이처럼 반투명한)의 턱잎이 달린다.

쪽은 천연물감으로 잿물을 써서 산화, 환원이라는 화학적 변화를 거쳐야 비로소 함초롬한(모습이 가지런하고 차분한) 쪽빛을 얻을 수 있다. 해열·해독·소종(부은 종기나 상처를 치료함)의 효능이 있어 황달·이질·토혈 등과 각종 염증에도 쓴다고 한다.

동유럽과 동아시아를 중심으로 세계에 350여 종이 있고, 이집트에서는 3300여 년 전에 이미 사용하였다는 것이 투탕카멘

(Tutankhamen)의 출토물에서 밝혀졌다 한다. 지금도 염색 기술을 알아주는 인도에서 쪽물의 함량이 가장 많은 인도남이 재배되었고, 우리나라에서도 260년(백제 고이왕 27년)에 이미 쪽 염색이 실시되었다 한다. 고졸(기교는 없으나 예스럽고 소박한 멋)한 쪽물 염색이 잘 되는 옷감은 무명·삼베·모시·명주 따위이며, 화학섬유는 물들지 않는다고 한다.

3월 하순에 묘상(못자리)에 파종(씨 뿌림)하고, 품종마다 생육온도에 민감하여서 적당한 온도가 아니면 쪽의 함량이 적다. 7, 8월(개화 수일 전)에 전초(잎·줄기·꽃·뿌리 따위를 가진 온근 풀포기)를 베어서 통째로(잎이 쪽 성분을 가장 많이 함유함) 항아리에 쟁여 넣고, 물을 채워 돌로 눌러서 5, 6일 물쿤(무르거나 풀리게 함) 뒤에 침출된(우려낸) 물색이 청색을 띠면 쪽을 건져내고, 침출된 물에 재를 넣어 나무 주걱으로 약 20분간 교반(저어서 균일한 혼합 상태로 만드는 일)한다. 며칠 뒤, 알싸한 풀 냄새 나는 웃물을 따라내어 여과지를 깐 소쿠리에 받아서 건조시키면 남빛(쪽빛)이 탄생된다!

어쨌거나 쪽물은 아주 연한 청색에서 짙은 청색까지 낼 수 있고, 세탁·햇빛·땀·산·알칼리 등에 강해 여간해서 변색되지 않으며, 쪽에 항균성이 있어 쪽물 들인 옷을 입은 사람에게는 뱀이나 해충이 달려들지 못한다고 한다. 암튼 요새 와서 사뭇 낡고 옹색하다(답답하고 옹졸함) 여겼던 천연 염색(쪽물들이기)을 배우는 여성들이 부쩍 늘었다고 한다.

쪽에서 뽑아낸 푸른 물감이 쪽보다 더 푸르듯이, 학문에 힘쓰다 보면 스승을 능가하는(뛰어넘는/앞지르는) 학문의 깊이를 가진 제자가 나타날 수 있음을 빗대 '청출어람(靑出於藍)'이라 했겠다. 아무렴 독자들도 부모나 스승을 능가하는 훌륭한 인재(학식이나 능력을 갖춘 사람)들이 되어야 할 터이다.

청출어람과 가까운 사자성어에 "뒤에 난 뿔이 우뚝하다"거나 "먼저 난 뿔보다 나중 난 뿔이 무섭다"는 의미를 지닌 '후생각고(後生角高)'란 것이 있다. 나중에 생긴 것이 먼저 것보다 훨씬 나음을 이르는 말로, 이와 비슷한 말에 '후생가외(後生可畏)'가 있으니, 자기보다 뒤에 태어난 사람(후생, 後生)이 장래에 무한한 가능성을 가지고 있으므로 가히 두려운 존재(可畏)라는 것. 그래서 청출어람, 후생각고, 후생가외는 모두 다 제자가 선생보다 앞서고 뛰어남을 이르는 말이다.

문득 청출어람의 '남(藍)'이 무엇인지 궁금해진다. "쪽에서 뽑아낸 푸른 물감이 쪽보다 더 푸르다"란 말에서 보듯 '남'이란 곧 '쪽'이란 식물을 이른다. '남이랄까 코발트(cobalt)랄까', '쪽빛 하늘', '쪽빛 바다', '쪽빛 염색' 등등 쪽과 남을 곳곳에서 만난다. 그리고 '쪽빛'의 다른 말이 '남빛'인데 '남빛'과 '쪽빛'은 모두 널리 쓰이므로 둘 다 표준어로 삼는다고 한다.

뚱딴지(돼지감자)

엉뚱하게도 해바라기의 한 종류라고?

뚱딴지(Jerusalem artichoke)란 다름 아닌 돼지감자로 국화과, 해바라기속에 드는 여러해살이풀이다. 쉽게 말해 해바라기의 일종으로 북미 원산(동식물이 맨 처음 나거나 자람)인 귀화식물(외래식물)이다. 잎줄기와 꽃이 천생(타고난 것처럼 아주) 해바라기를 닮았고, 뿌리는 영락없이 감자와 비슷하여 돼지감자라 불리며, '뚝감자'라고도 한다.

완고하고 우둔하며 무뚝뚝한 사람, 행동이나 사고방식 따위가 너무 엉뚱한 사람, 심술 난 것처럼 뚱해서 붙임성이 적은 사람을 놀림조로 '뚱딴지'라고도 하고, 살이 쪄서 뚱뚱한 뚱뚱보, 뚱뚱이, 뚱보를 이르기도 한다. "뚱딴지처럼 난데없이 무슨 소리를?", "얘가 무슨 뚱딴지같은 소리냐", '뚱딴지같은 잠꼬대'처럼 '뚱딴지'를 써서 말하기도 한다.

키는 1.5~3미터에 달하고, 잎은 위로 갈수록 작고 좁아지며, 엉뚱하게도(뚱딴지처럼) 아래 줄기에 붙은 잎은 마주나고 위의 것은 어긋나기한다. 잎사귀 가장자리에는 톱니(거치)가 있으며, 양면에 꺼

뚱딴지 꽃

칠한 털이 한가득 난다. 줄기에도 역시 센털이 가득 나고, 끝에는 가지가 갈라지며, 줄기는 무척이나 단단하여 곧추선다. 노란 꽃은 8~9월에 피고, 원줄기와 곁가지 끝자락에 해바라기 꽃보다는 작은 지름 5~10센티미터 크기의 두상화(꽃대 끝에 꽃자루가 없이 작은 꽃이 많이 모여 피어 머리 모양을 이룬 꽃)가 달린다.

땅속줄기 끝에는 감자처럼 생긴 덩이뿌리가 여러 개 달렸는데, 껍질이 매우 얇고 길쭉하거나 울퉁불퉁하며, 색도 백색·갈색·적색·자주색 등이고, 생강 비슷한 것이 길이는 7.5~10센티미터이다.

거듭 말하지만 이렇게 줄기 끝에 꼬마 해바라기 꽃이 달리고, 잎과 줄기 또한 천생 해바라기인데 땅속엔 떡하니 감자가 열렸으니 어이 괴이하고 엉뚱하지 않은가!? 꽃과 줄기, 잎이 하나도 감자같이 생기지 않았는데 엉뚱하게 감자 꼴을 한 덩이가 달려 있어 '뚱딴지'라는 이름이 붙었다. 그리고 뿌리를 사료로도 쓰는데, 돼지가 먹는 감자라고 '돼지감자'라는 별명도 붙었다. 거듭 말하지만 가는 줄기에다 잎과 꽃송이가 작기는 해도 해바라기를 빼닮아 이 돼지감자를 보고 '작은 꽃송이를 가진 빼빼 마른 해바라기'로 여기지 않을 사람은 없을 터다.

뚱딴지 덩이줄기

돼지감자는 오래전부터 아메리칸인디언들이 식용으로 재배하였고, 17세기 초 프랑스나 유럽 등지에 전해진 후 요리에 넣는 식용 야채로 쓰인 것은 물론이고, 사료·과당·알코올 원료로 쓰기 위해 세계 각지에서 널리 재배하고 있다. 환경 적응성이 매우 강하고, 대량으로 수확할 수 있으므로 근래 와서는 식용보다는 생물연료(bio-fuel)인 에틸알코올(에탄올, ethanol) 생산에 관심을 끌고 있다 한다.

우리나라는 애초에 가축 사료로 들여와 주로 묵정밭(오래 내버려 둬 거칠어진 밭)이나 밭 주변에 재배종으로 키웠는데 지금은 마을 근처에 천지사방으로 퍼져 야생으로 자생하게 되었다. 처음엔 세력이 너무 좋아 말썽을 피울 것으로 보았으나, '천연 인슐린(insulin)'이라고도 부르는 '이눌린(inulin)'이 많이 함유되었다는 것을 알고 당뇨병에 탁월한 효과가 있다 하여 약용식물로 대접 받기에 이른다. 또한 차나 막걸리의 원료가 되기도 하고, 건강식품으로 인기를 끌고 있다 한다. 특히 이눌리나아제(inulinase) 효소는 이눌린을 과당으로 분해·생성하기 때문에 저장(숙성) 중에 단맛이 생겨난다.

우리가 먹는 감자는 줄기가, 또 고구마는 뿌리가 변한 것으로 순을 길러 심는데, 돼지감자는 감자처럼 줄기가 변한 것으로 감자 심듯이 돼지감자 덩이를 잘게 조각내어 심는다. 어쨌거나 돼지감자를 결코 뚱딴지라 비꼴 일은 아니다. 오히려 좀 괴짜라거나 엉뚱한 뚱딴지같은 사람들이 세상을 바꾸어놓지 않던가. 보통 사람은 보통 일밖에 이루지 못하더라. 그렇지 않은가?

개구리밥(부평초)

개구리는 개구리밥을 먹지 않는다!

부평초란 '물 위에 떠 있는 풀'이라는 뜻으로 '부평초 인생'이라거나 '부평초 신세'란 사람이 산다는 것이 마치 무논의 개구리밥처럼 보잘것없고 떠돌이 생활을 한다는 말이다. 개구리밥을 '머구리밥'이라고도 부르는데 '머구리'는 개구리의 옛말이다. 그렇다. 물꼬를 터는 날에 개구리밥은 도랑 따라 흐르는 물에 몸을 맡긴 채 물살을 타고 잇따라 쏟아지듯 세차게 떠내려간다.

그런데 '개구리가 먹는 밥(먹이)'이란 말은 이론에 맞지 않는다. 개구리는 풀을 먹지 않고 살아 있는(움직이는) 벌레를 먹는 육식동

물이 아닌가? 개구리는 개구리밥을 절대로 먹지 않는데도 개구리 밥이라는 이치에 맞지 않는 이름이 붙었다. 개구리의 놀이마당인 무논(물이 괴어 있는 논)에는 개구리밥이 한가득 물 위에 쫙 깔려 있지 않은 곳이 없고, 떠들썩거리며 무논을 휘젓고 다니던 개구리가 멀뚱멀뚱 뚱그런 눈을 껌벅이며 머리를 쏙 내밀었을 적에 소소한 개구리밥이 눈가나 입가에 더덕더덕 묻은 것을 보고 우겨 붙인 이름일 터다.

아뿔싸, 이렇게 얼토당토않은 이름을 지은 것은 모름지기 과학 세계에서 삼가고 피해야 하는 선입관과 편견 탓이다. 입가에 묻은 개구리밥 식물을 보고 지레 짚어 붙인 이름일 뿐이다. 서양 사람들은 사물을 있는 그대로 보고 마땅히 오리가 달갑게 먹는 풀이기에 '오리 풀(duck weed)'이라 불렀겠다.

개구리밥(부평초, 浮萍草, duck weed)은 천남성이목, 개구리밥과의 한해살이풀(일년초)로 식물뿌리가 식물체보다 길면서 여러 갈래가

개구리밥

개구리밥 뿌리

났다. 개구리밥은 작은 엽상 식물(식물 전체가 잎 모양으로 되어 있는 식물)로 편평한 것이 달걀을 거꾸로 세운 모양이고, 길이 5~8밀리미터, 너비는 4~6밀리미터 정도로 아주 작은 꼬마식물이다. 한국에는 '개구리밥'과 '좀개구리밥' 두 종이 있는데, 여기서 '좀'이란 '작다'는 뜻이다.

뿌리를 물 밑바닥에 내리고 잎은 물 위에 떠서 사는 부엽(浮葉)식물로, 식물체의 아랫면 가운데에서 가는 뿌리가 7~12가닥 나오고, 그 뿌리로 물에 녹아 있는 양분(비료 성분)을 흡수하며, 물이 거의 흐르지 않는 논이나 연못, 늪지에서 산다. 우리나라 전국에 자생(저절로 나서 자람)하며, 아시아·유럽·아프리카·오스트레일리아·남북아메리카의 온대에서 열대에 걸쳐 분포한다.

현화식물(꽃을 피우는 식물) 중에서 제일 작은 꽃을 피운다고 하는데, 2개의 수꽃과 1개의 암꽃이 생기며, 열매는 10월에 익는다. 자잘한 꽃은 흰색이고 7~8월에 피지만, 터무니없이 작아서 찾아보기도 어려울뿐더러 실제로 꽃을 피우는 것이 매우 드물다고 한다.

식물체는 앞면(윗면)은 녹색이나 뒷면(아랫면)은 자주색이고, 2~5개의 개구리밥이 서로 마주 보고 붙어 나며, 각각의 잎 뒷면 가운데에서 가는 뿌리가 나오고(뿌리를 내지 않는 것도 있음), 뿌리가 나온 부분의 옆쪽으로 곁눈이 나와 새 식물체가 생긴다. 다시 말하지만 2~5개의 엽상식물이 서로 붙어 있더라도 그 하나하나가 개구리밥인 것.

개구리밥은 관상용으로 키우기도 하는데, 부레옥잠이 그렇듯이 비료 성분이 지나치게 많은 부영양화(인이나 질소 따위를 함유하는 더러운 물이 흘러들어 이것을 양분 삼아 플랑크톤이 비정상적으로 번식, 수질이 오염됨)된 곳에서 인이나 질소를 줄일뿐더러 물에 산소를 공급한다. 반면에 성장 속도가 매우 빨라서(다른 유관속식물보다 2배 빠름) 물 위를 갑자기 가득 덮어 생물들을 살지 못하게도 한다.

그런가 하면 그림자를 드리워 개구리나 작은 물고기가 노닐게 하고, 물의 증발을 줄이는 데 한몫하기도 한다. 단백질과 지방 성분이 많은 개구리밥은 걷어서 가축이나 가금(집에서 기르는 날짐승)의 사료로 쓰기도 한다.

외면 받다시피 했던 개구리밥이 요새 와서는 알짜배기 대접을 받고 있다. 옥수수보다 대여섯 배 많은 녹말을 만들기에 새로운 청정 생물에너지(bio-energy)를 얻는 데 쓸 수 있기 때문이다. 우리나라 한방에서는 7~9월에 채취하여 햇볕에 말린 개구리밥을 강장(정력), 이뇨(오줌을 잘 나오게 함) 및 해독용 한약으로 사용한다고 한다.

쑥

신화에도 등장한 효능 좋은 약풀

뚱딴지같은 소리지만 단군신화 속의 '범과 곰', '쑥과 마늘'은 어떤 의미가 있을까? 신화(신성한 이야기)나 불경, 성경 같은 경전(성인들의 말씀으로 이루어진 책)이 다 그렇듯이 그 안에는 그것을 쓸 때의

쑥 줄기. 거미줄 같은 털로 덮여 있다.

인간상, 시대상, 문화상이 녹아 있다. 그러니 우리 건국신화를 쓸 무렵엔 틀림없이 범과 곰이 흔했고, 예로부터 쑥과 마늘은 몸에 좋은 영초(약재로서 뛰어난 효과가 있는 풀)로 알려져 왔음을 뜻한다.

쑥 꽃

쑥(애초, 艾草, mugwort)은 국화과 식물로 여러해살이풀(다년초)이다. 우리나라에 자생하는 쑥은 참쑥·사철쑥·산쑥·물쑥 등 무려 25종이나 되며, 땅속줄기와 바람에 날려간 씨앗으로 번식한다. 잎은 깃꼴로 깊게 4~8갈래로 파였고(갈라졌고), 진한 향기가 난다.

쑥이 무성하게 우거져 있는 거친 땅, 또는 매우 어지럽거나 못 쓰게 된 모양을 일러 "쑥대밭이 되었다"고 한다. 쑥밭에서는 다른 풀들이 죄다 맥을 못 추고 시나브로(모르는 사이에 조금씩) 사라진다. 단군 때부터 이름 날린 쑥인데 어디 감히 딴 녀석들이 싸움을 건단 말인가. 그리고 머리털이 마구 흐트러져서 몹시 산란된(어수선하고 뒤

숭숭한) 머리를 '쑥대머리'라 한다. 참고로 '쑥대'란 쑥과 대나무가 아니고, 쑥의 대(줄기)를 이르는 말이다.

쑥은 떡·나물·국·튀김·뜸·차 등 다양하게 쓰인다. 특히 쌀뜨물에 된장을 풀어 끓인 쑥국은 '봄을 끓인' 봄국이다! 쑥은 특수한 자기방어물질을 가지고 있어 그것이 약이 되는 것인데, 한마디로 쑥의 씁쓰레한 맛과 특유의 진한 향기는 시네올(cineol), 튜존(thujone), 사비넨(sabinene)이라는 정유(식물의 잎·줄기·열매·꽃·뿌리 따위에서 채취한 휘발성 기름) 물질들 때문이다.

또한 쑥은 복통·구토·지혈에 쓰고, 잎의 흰 털을 모아 뜸을 뜨는데 쓴다. 예전에는 해거름(저녁나절)에, 말린 쑥과 마른풀을 화롯불이나 모깃불에 태워 날아드는 모기를 쫓았다. 모기가 사람 냄새(이산화탄소, 땀 등)를 맡고 찾아드는 것인데, 매콤한 쑥 연기가 온 마당을 꽉 채우니 사람의 체취를 찾을 길이 없어 달려들지 않는다. 그것이 모깃불의 원리다. 그 밖에도 요즘엔 쑥을 화장품으로도 쓰고, 목욕탕이나 찜질방에서도 흔히 쑥을 넣어 냄새를 풍긴다.

삼밭에 쑥대 쑥이 삼밭에 섞여 자라면 삼대처럼 곧아진다는 뜻으로, 좋은 환경에서 자라면 좋은 영향을 받게 된다는 말.

왕대밭에 왕대 나고 쑥대밭에 쑥대 난다 어버이와 아주 딴판인 자식은 있을 수 없음을 이르는 말.

참대(왕대)밭에 쑥이 나도 참대같이 곧아진다 북한어로, 나쁜 사람도 좋은 사람들과 함께 지내면 선한 사람으로 바뀌게 됨을 빗대어 이르는 말.

칠 년 간병에 삼 년 묵은 쑥을 찾는다 오랫동안 앓고 있는 이를 간호(병시중)하다 보면 별별 어려운 일을 다 겪게 된다는 말.

고추

자신을 지키기 위해 '매움'을 만들어낸다고?

고추 꽃

예부터 민간에서는 장을 담근 뒤 붉은 고추를 띄우고, 아들을 낳으면 왼새끼(왼쪽으로 꼰 새끼)인 금줄(금하는 줄)에다 빨간 고추·솔가지·댓잎·숯을 꽂아 악귀를 쫓을뿐더러 불결한 사람들이 함부로 드나드는 것을 막았다. 하지만 요즘엔 그런 모습을 보기가 쉽지 않으니, 전해 내려오던 관습 하나하나가 슬금슬금 사라지는 것이 아쉽고 안타깝다.

고추(고초, 苦椒, hot pepper)는 남아메리카 볼리비아가 원산지(동식물이 맨 처음 자라난 곳)로 우리나라에서는 겨울나기를 못 하기에 한해살이풀로 여기지만, 더운 지방에서는 여러해살이풀이라 '고추나무'란 표현이 정녕 옳다. 고추는 감자·토마토·가지·담배 따위가 속해 있는 가지과 식물로 그것들은 꽃(생식기관)이 서로 매우 닮았다! 또 고추를 처음엔 중국 이름인 '고초(苦椒)'로 불렀으나 나중에 '고추'로 변했다고 한다.

5월 초에 고추 모종을 심는데, 그러고도 뒤치다꺼리가 남았으니 고춧대에 버팀목을 세워주고, 밑동에 난 곁순을 치며, 비료를 잔뜩 주고 나면 뭉실뭉실 커서 6월이면 Y자로 나눠지는 방아다리 가지 사이에 접시처럼 생긴 흰 꽃이 한 밭 가득이다. 꽃받침은 끝이 5개로 얕게 갈라지고, 꽃잎은 타원형으로 5개이며, 길쭉한 암술 1개에 수술 5개가 촘촘히 모여 달린다.

풋고추 하나에 들어 있는 비타민 C가 귤의 네 배나 된다고 한다. 가을도 되기 전에 푸른 풋고추는 늙어(익어)서 새빨간 홍고추가 되니 그것은 캡산틴(capsanthin) 색소가 생겨난 탓이고, 고추 매움(맛이 아니고 통각임)은 캡사이신(capsaicin)이란 물질 때문이다.

약 오른 고추는 끝 쪽보다는 꼭지 쪽이 더 맵다. 물론 그 매움은 고추가 다른 세균이나 곰팡이, 곤충에 먹히지 않기 위해 스스로 만들어낸 것으로, 알고 보면 고추·후추·겨자 따위의 매움은 모두 미생물을 죽이는 천연 방부제로 작용한다.

새삼스럽게 먹는 타령이다. 사실 우리는 고추 없이는 못 산다. 밥상을 고춧가루로 버무려놨으니 김치를 비롯하여 깍두기, 나물에도 온통 고춧가루 범벅이다. 고추장이란 말만 들어도 입안에 군침이 돈다. 그뿐인가. 짭조름한 고추장아찌에다 매콤한 고추씨기름도 내장탕에 넣어 먹는다. 농익은 물고추(마르지 않은 붉은 고추)를 따다 햇볕에 말려 마른 홍고추를 얻고, 그것을 가루 낸 고춧가루로 김장을 한다.

그리고 끓는 물에 한소끔 데친 고춧잎과 무말랭이를 조물조물 섞어 무쳐 먹고, 풋잎사귀는 쪄서 나물을 해 먹으며, 풋고추는 조려서 반찬으로 먹는다. 옛날 한여름 새참이나 점심엔 노상 보리곱삶이(보리쌀로만 지은 밥)를 찬물에 말아서 풋고추를 막된장에 찍어 먹었다. 서리가 내릴 기미가 보이면 서둘러 끝 고추를 따서 배를 두세 갈래로 짜갠 다음, 밀가루옷을 입혀 쪄서 가을 햇살에 거덕거덕 말렸다가 기름에 매매(매 때마다) 볶아 고추부각을 해 먹는다.

익은 고추 하나에 들어 있는 씨알을 헤아려봤다. 새빨간 고추 주머니에 노란 동전(씨앗)이 145개나 들어 있지 않은가. 녀석이 참 옹골차다! 고추나무 중에서 큰 축에 드는 놈을 골라 퍼질러 앉아 고추를 낱낱이 헤아려보니 어림잡아 한 그루에 75개다. 고추씨 하나를 심어 고추나무 한 그루에서 몇 개의 씨(새끼)를 얻는지 계산하면, 145×75=10,875개다. 정말 다산(많이 낳음)이로구나! 이제 왼새끼인(人)줄에 고추를 끼운 뜻도 알 만하다.

• **고추장**

고추장(--醬, red pepper paste)은 되직한(묽지 않고 조금 빡빡한) 장으로 붉고 반질반질한 것이, 일본과 중국 음식에는 일절(전혀) 없는 우리 고유의 자랑스러운 발효식품이다. 그러나 간장이나 된장보다는 늦게 개발되었다. 콩으로 만드는 간장, 된장은 아주 오랜 옛날부터 있어온 것으로 추측되지만, 고추장은 고추를 들여온 뒤에 만들어진 것이다. 고추는 임진왜란(1592~1598년) 때 일본에서 건너온 것으로 보기에 고추장 담그기는 그보다 훨씬 늦게 시작한다.

고추장의 으뜸인 찹쌀고추장은 찹쌀에 고춧가루·엿기름·소금과 여러 발효 미생물이 묻어 있는 메줏가루를 섞어 만드는데, 영양이 풍부할뿐더러 매운맛은 줄곧 식욕을 돋우고 소화도 부추긴다. 더 보태면 고추장은 찹쌀, 멥쌀의 녹말(전분)이 분해되어 생긴 단맛과 메주(콩)의 단백질이 분해된 아미노산의 감칠맛, 고추의 매운맛, 소금의 짠맛, 발효과정에서 생긴 유기산과 젖산의 신맛, 미량의 알코올에서 생긴 특수한 향이 절묘하게(아주 색다르게) 어우러진 복합 양념이다. 단연코 고추장은 단순한 고춧가루 무침 정도가 아니라는 것이다. 고추장은 쓰는 재료(찹쌀·멥쌀·보리·밀가루·고구마·수수·팥)에 따라 여러 가지가 있다.

고춧가루를 넣어 만든 고추장

고추 먹은 소리 못마땅하게 여겨 씁쓸해하는 말.

고추가 커야만 매우랴 덩치가 커야 제구실을 다하는 것이 아니라는 말.

고추나무에 그네를 뛰고 잣 껍데기로 배를 만들어 타겠다 전혀 실현될 가능성이 없거나 불가능한 잔꾀를 부림을 비꼬아 이르는 말.

고추밭에 말 달리기 심술이 매우 고약함을 빗대어 이르는 말.

고추보다 후추가 더 맵다 뛰어난 사람보다 더 뛰어난 사람이 있음을 비꼬는 말. '뛰는 놈 위에 나는 놈 있다."는 말과 같다.

고추장 단지가 열둘이라도 서방님 비위를 못 맞춘다 남편 성미가 몹시 까다로워 통 비위(성질) 맞추기가 어렵다는 말.

고추장이 밥보다 많다 밥을 비빌 때 밥보다 고추장이 많다는 뜻으로, 곁다리(붙어서 따르는 것)가 본바탕보다 더 많음을 이르는 말.

눈 어둡다 하더니만 홍고추만 잘 딴다 마음이 음흉하고 잇속에 밝은 사람을 빗대어 이르는 말.

된장에 풋고추 박히듯 어떤 한곳에 가 꼭 틀어박혀 자리를 떠나지 않고 있다는 말.

딸의 집에서 가져온 고추장 물건을 몹시 아껴 쓴다는 말.

물방앗간에서 고추장 찾는다 엉뚱한 곳에서 있을 리 없는 것을 찾는다는 말.

보리밥에 고추장이 제격이다 보리밥에는 고추장을 곁들여 먹어야 알맞다는 뜻으로, 무엇이나 격(분수)에 알맞아야 좋다는 말.

상추쌈에 고추장이 빠질까 사람이나 사물이 서로 가깝게 묶여 있어 언제나 따라다니고 붙어 다님을 빗댄 말.

시누이는 고추보다 맵다 시누이가 올케에게 심하게 대하는 경우를 빗대어 이르는 말.

아이들 고추장 퍼먹으며 울 듯 북한어로, 어리석게도 스스로 일을 저지르며 사서(고생하지 않아도 될 일을 제 스스로 만들어) 고생하는 경우(때)를 비꼬아 이르는 말.

작은 고추가 더 맵다 몸집이 작은 사람이 큰 사람보다 재주가 뛰어나고 야무짐을 빗대어 이르는 말.

호박

왜 따는 족족 죽기 살기로 열매를 맺을까?

호박(pumpkin)은 박과의 덩굴성 한해살이풀로 남아메리카 원산이다. 필자가 어릴 때만 해도 시골에서는 딱히 곡식 심기가 어려운 비탈진 밭가 곳곳에 띄엄띄엄 구덩이를 파 호박을 심으니 동네마다 공터는 온통 호박밭이고, 길게 뻗은 줄기에 흐드러지게 꽃이 피어 호박꽃이 즐비했다. 흔해빠지게 보는 것이 호박꽃이라 "호박꽃도 꽃이냐"라는 조롱하는 말이 생겨났던 게지. 실제로 아침나절에 온 사방 호박밭에 고개 치켜든 샛노란 호박꽃은 무척 아름답고, 피어 있는 모습은 매우 보기 좋다!

줄기와 잎엔 까칠까칠한 센털이 가득 나 있어 맨살에 스치거나 하면 따끔거린다. 질긴 덩굴 단면(잘라낸 면)은 오각형이고, 마디 줄기에서 난 덩굴손으로 다른 물건을 돌돌 감아 붙잡고 올라간다. 긴 잎자루를 가진 잎은 심장형이며, 가장자리가 얕게 5갈래로 갈라지고, 꽃잎도 끝이 5개로 갈라진다.

호박은 오이나 수박처럼 한 그루(줄기)에 암꽃과 수꽃이 따로 피는 단성화이다. 호박밭에는 터줏대감인 꿀벌 말고도 큼직하고 뚱뚱

호박꽃

한, 부숭부숭한 털로 덮인 '호박벌'이 꽃 고물을 잔뜩 뒤집어쓰고, 윙윙거리며 바지런히 호박꽃을 헤집고 다닌다.

호박은 참 쓸모가 있다. 애호박은 가로 잘라 전을 붙이며, 오가리(호박이나 무 따위를 얇게 썰거나 길게 오려서 말린 것)를 내어 갈무리했다가 겨울에 나물을 해 먹고, 더 자란 놈은 데쳐서 나물로 무쳐 먹는다. 또 늙은 청둥호박은 호박죽을 끓이고, 고아서 호박엿을 만든다. 꽃은 따서 전을 부치고, 줄기 끝자락의 연한 이파리는 데쳐서 쌈으로 먹으며, 된서리 내릴 무렵엔 끝물 암꽃을 된장국에 넣는다.

농사꾼인 필자가 실제로 경험하는 일이다. 애호박이 열리는 족

족 따버리면 잇따라 암꽃을 피워 열리고 또 열리며, 그렇게 잎줄기는 된서리가 내릴 때까지 성성하게 넝쿨을 뻗고 끊임없이 새 잎을 돋우면서 죽기 살기로 호박(열매)을 맺는다. 그런데 놀랍게도 그 청청한 줄기 바로 옆으로 누렇게 늙은 청둥호박(보통 호박씨가 200여 개 듦)을 매달고 있는 녀석(줄기)은 벌써 말라 죽어버렸다.

무슨 이런 일이 있담? 잇따라 애호박을 따 먹은 그루는 서리가 내릴 때까지 싱싱하고 푸른데, 누렁 호박을 매단 놈은 어느새 사그라지고 말았으니 말이다. 앞의 것은 아직 종자를 남기지 못하였기에 있는 힘을 다해 살고 있고, 뒤의 것은 이미 제 할 일(자손을 남김)을 하였기에 미련 없이 죽을 수 있었던 것이다.

온실의 벼도 다르지 않다. 볍씨를 맺어 익을라치면 줄기가 단방에 말라 죽어버리지만, 꽃대가 생기는 대로 그때그때 뽑아버리면 몇 년이고 씨를 맺을 때까지 줄기차게 자란다고 한다. 이렇듯 모든 생물에게 산다는 것은 하나같이 '생존과 번식'을 위함인 것. 사람도 늙어빠지기 싫으면 마냥 젊게 생각하며 살아야 한다는 말이 지극히 옳다!

되는 호박에 손가락질 잘되어 가는 남의 일을 시기(시샘)하여 훼방을 놓음을 이르는 말.

뒤(밑구멍)로 호박씨 깐다 겉으로는 점잖고 의젓하나 남이 보지 않는 곳에서는 엉뚱한 짓을 한다는 말.

못 먹는 호박(감) 찔러나 본다 제 것으로 만들지 못할 바에야 남도 갖지 못하게 만들자는 뒤틀린 마음을 빗대어 이르는 말.

삶은 호박에 대침 박기 일이 아주 쉬움을 이르는 말.

호박 덩굴이 뻗을 적 같아서야 한창 기세가 오를 때는 무엇이나 다 될 것 같으나 결과는 두고 보아야 앎을 뜻하는 말.

호박꽃도 꽃이냐/꽃은 꽃이라도 호박꽃이라 예쁘지 않은 여자를 비유한 말.

호박씨 까다 안 그런 척 내숭 떨다.

호박씨 까서 한입에 털어 넣는다 애써 조금씩 모았다가 한꺼번에 털어 없앤다는 말.

호박에 말뚝 박기 심술궂은 고약한 짓거리를 이르는 말.

호박이 굴렀다/굴러온 호박 뜻밖에 좋은 물건을 얻거나 행운을 만났음을 이르는 말.

호박이 궁글다 북한어로, 호박 속이 차지 못하고 텅 비었다는 뜻으로 머릿속에 든 것이 없음을 이르는 말. '궁글다'란 속이 비었다는 의미이며, 아마도 서양말에서 머리가 나쁜 멍텅구리나 얼간이를 '호박 대가리(pumpkin head)'라 부르는 것도 호박 속이 빈 때문이다.

그령

결초보은의 질긴 풀

그령 줄기. 여러 대가 모여 난다.

결초보은(結草報恩)이란 말이 있다. "풀을 묶어 은혜를 갚는다."는 뜻으로 백골난망(白骨難忘)과 비슷한 말이다. 그 말에 엮인 중국 고사(옛일) 하나를 보자.

옛날 중국 춘추전국시대의 진(晋)나라에 위무자라는 사람이 있었다. 그에게는 사랑하는 시앗(정식 아내 외에 데리고 사는 여자, 첩)이 있었는데 그녀는 자식이 없었다. 위무자는 자신이 병이 들자 아들 위과를 불러 자기가 죽거든 그녀를 다른 사람에게 개가(재혼)시키라고 말하였다. 그러다가 병이 악화되자 다시 아들을 불러 이번에는 자기 사후(죽은 뒤)에 그녀를 죽여서 순장(같이 묻음)해 달라고 하였다. 그러나 위과는 아버지가 죽자 그 첩을 다른 사람에게 시집보냈다.

그 후 진(秦)나라가 쳐들어와 전쟁을 벌이게 되었고, 위과는 진의 두회라는 장수와 싸우게 된다. 위과가 도망가는 두회를 쫓아가는데, 한 노인이 길에 풀을 엮어놓아서 두회의 말이 그 질긴 풀 매듭에 걸려 넘어졌고, 위과는 그를 사로잡는다. 그날 밤 위과의 꿈에 한 노인이 나타나서 자신은 위과가 시집보낸 그 첩의 아비되는 사람이며, 위과의 행동에 감사(보은)하기 위해서 풀을 엮었다고 말했다 한다.

그렇다면 꿈속의 '첩의 아비'가 엮어놓았다는 그 풀은 무엇일까. 결초보은의 그 풀은 다름 아닌 그령이다! 그령(지풍초, 知風草, Korean lovegrass)은 외떡잎식물, 벼과의 여러해살이풀(다년초)로 '길잔디'라 부르기도 한다. 줄기는 뭉쳐(모아)나고 길이 30~80센티미터 정도이며, 잎은 끝이 뾰족하고 빼쩍 마른 것이 폭 2~6밀리미터 정도다. 8~9월에 꽃이 피는데 꽃대는 20~40센티미터이며, 적자색의 자잘한 긴 타원형 이삭이 느슨하게 달리고, 이삭에는 5~10개의 잔꽃(작은 꽃)이 버성기게(벌어져서 틈이 있음) 달린다. 수술은 3개이고, 암술머리는 2개로 깃털 모양이며, 열매는 10월 무렵 익는다.

그령은 우리나라와 중국, 히말라야에만 자생(저절로 나서 자람)한다. 전국 각처의 길가·논·밭둑·풀밭·빈터·제방 등지에 흔하고, 이 무리에는 그령을 비롯하여 각시그령, 참새그령 등 6종이 있으나 그령 빼고는 모두 한해살이풀(일년초)이다. 그령 뿌리는 피의 흐름을 활발히 하는 효능이 있다 한다.

그령 꽃

"그령처럼 살아라."는 말이 있다. 끈질긴 생명력을 비유하여 "질경이 같다"고도 하니 사실 질경이에 버금가는 것이 그령이다. 반들반들한 그령 잎줄기는 검질기기(몹시 끈덕지고 질김) 짝이 없고, 빳빳하게 쇤 것을 배배 꼬아 새끼줄 대신으로도 썼다. 생장(자람) 속도도 남달라 초장부터 서둘러 뽑아버리지 않으면 별안간 뿌리를 세게 뻗어 주체하지 못한다. 씨앗이 날아가 더러 뫼등(무덤의 윗부분)에 앉는 수도 있어 골치를 썩인다.

그령은 밭가나 마을 오솔길(폭이 좁은 호젓한 길)에도 줄줄이 나는데, 사람 발길이 포기들을 반으로 짝 갈라놓는다. 그래서 양쪽의 긴 풀대를 한 묶음씩 묶어 서로 엇갈리게 친친 매어놓는다. 아닌 밤중에 홍두깨라고, 영문도 모르고 지나는 사람들이 매듭에 걸려 넘어진다. 몰래 숨어 물끄러미 쳐다보던 장난꾸러기 악동들은 천연덕스럽게(아무 일 없는 것처럼) 깔깔 웃으며 재우쳐(서둘러) 삼십육계(줄행랑)를 놓는다. 발각되는 날에는 손이 발이 되게 빌어야 할 판이니까.

암튼 그령 줄기는 워낙 질겨서 낫으로도 잘 베어지지 않고, 풀을 뜯는 소도 목에 온 힘을 다 들여 뜯으니 뽀드득뽀드득 소리가 날 지경이다. 양 길가의 질긴 풀을 숱 많은 머리채를 땋듯 하여 서로 걸쳐 잡아 묶어두면 소들도 그 매듭(고리)에 걸려 몸뚱어리가 뒤뚱한다. 앞 고사에서 말한, 세차게 달리던 '두회의 말'도 엉겁결에 도리 없이 나뒹굴지 않을 수 없었겠지.

보리

춘궁기에 배를 채워준 아주 오래된 작물

우리네 어린 시절엔 집안 살림들이 워낙 억판(매우 가난한 처지)이어서 봄이면 보리밥은 말할 것도 없고 보리죽도 배불리 먹지 못했다. 너나 할 것 없이 가난을 숙명으로 여기고 살았고, 초근목피(풀뿌리와 나무껍질)로 근근이(겨우) 생명을 부지(유지)하였다. 안쓰럽게도 기껏 잔디 뿌리(꼭꼭 씹으면 단맛이 남)에다 띠(벼과의 여러해살이풀)의 꽃이삭인 삘기(삐삐), 찔레 순, 소나무 속껍질인 송기들로 허기진 배를 채우기 일쑤였는데, 그놈의 송기에는 타닌(tannin)이 한가득 들어 있어 못 먹는 판에 변비까지 애를 먹였다.

그러나 어쩌리. 보리가 누렇게 익기를 고대(몹시 기다림)하면서 "태산보다 높다"는 보릿고개를 안 죽고 넘겨야 했다. 보릿고개란 햇보리가 나올 때까지의 넘기 힘든 고개라는 뜻으로, 묵은 곡식은 거의 떨어지고 보리는 아직 여물지 아니하여 농촌의 식량 사정이 가장 어려운 춘궁기(식량이 궁핍한 봄철)를 이른다.

보리(맥, 麥, barley)는 벼과 식물로 줄기는 속이 빈 것이 둥그스름하다. 속빈 보릿대 하나를 쑥 뽑아 손톱으로 적당히 비틀어 토막 내고, 한쪽 끝을 앞니로 꾹꾹 눌러 얇게 피리 입술을 만들어서 입에 물고 삐삐 '보리피리'를 불었지. 버드나무 껍질로 만든 것이 '버들피리'요, 엷은 풀잎을 입술에 끼워 부는 것이 '풀피리'다.

보리는 가장 오래된 작물 중 하나로 대맥(大麥)이라 한다. 세계적으로 30여 품종이 있고, 암술 하나에 수술 셋이 한 꽃에 든 양성화로 제꽃가루받이(자가수분) 한다. 보리 줄기는 곧고 키가 1미터 넘으며, 보리 잎은 서로 어긋나게 줄기에 붙고 잎맥이 나란한 외떡잎식물이다.

또한 보리는 맥아(엿기름)를 만드는 원료로 보리에 물을 부어 보리알 길이만큼 싹을 틔운 다음 바싹 말린다. 싹이 트면서 녹말을 엿당(맥아당)으로 전환시키는 탄수화물분해(소화)효소가 많이 생겨나기에 엿이나 식혜를 만드는 데 넣는다.

보리

밀. 보리와 달리 수염처럼 생긴 까끄라기가 짧고, 낟알이 성기게 달린다.

보리의 됨됨이가 여북(오죽) 형편없었으면 "겉보리(탈곡을 할 때 겉껍질이 벗겨지지 않는 보리) 서 말만 있어도 처가살이 하랴."란 말이 생겨났을까. 꽁보리밥(보리쌀로만 지은 밥)은 영 근기(든든한 기운)가 없을뿐더러 섬유소가 많아서 방귀만 뻥뻥 나오기 십상이다. 그래서 바둑도 서투른 바둑을 '보리바둑'이라 하고, 아무렇게나 던져서 노는 윷을 '보리윷'이라 한다.

그러나 보리는 쓰임새가 말할 수 없이 많아서 밥·죽·떡·된장·보리차·빵은 물론이고 보리등겨(보리 속껍질)를 발효시켜 춘장 닮은 개떡장(겨장)을 만드는데, 보리등겨나 싸라기로 납작납작한 반대기(가루를 반죽한 것)를 지어 밥 위에 얹어 찐 것이 개떡이다. 그래서 매우 못생기거나, 마음에 들지 않거나, 보잘것없을 때 "개떡 같다"고 한다.

가는 며느리가 보리방아 찧어놓고 가랴 / 가는 년이 물 길어다 놓고 갈까 이미 일이 다 틀어져 그만두는 터에 뒷일을 생각하여 돌아다볼 리 만무하다(절대로 없음)는 말.

보리 안 패는 삼월 없고 나락(벼) 안 패는 유월 없다 철이 되면 다 보리 나락 이삭이 돋듯이 모든 일에는 때가 있음을 빗대어 이르는 말.

보리 타다 매 맞는 것을 속되게 이르는 말.

보리누름에 설늙은이 얼어 죽는다 보리가 누렇게 익을 무렵에는 날씨가 따스해야 하나 오히려 추워서 기운이 쇠한(약한) 사람이 얼어 죽을 판이란 뜻으로, 더워야 할 계절에 도리어 춥게 느껴짐을 일컫는 말. '설늙은이'란 나이는 그다지 많지 않지만 기력이 노쇠한 사람을 말한다.

보리밭(밀밭)만 지나가도 주정(취)한다 전혀 술을 못 먹거나, 성질이 급해 서두름을 빗대어 이르는 말

보릿고개가 태산보다 높다 한 해 동안 농사지은 식량을 가지고 다음 해 보리가 날 때까지 견디어 나가기가 매우 힘듦을 빗대어 이르는 말.

숙맥이 상팔자 콩과 보리도 구별하지 못하는 사람이 팔자가 좋다는 뜻으로, 차라리 모르는 것이 마음 편함을 비유한 말.

죽은 시어미도 보리방아 찧을 때는 생각난다 미운 사람도 제게 아쉬운 일이 생겼을 때는 생각난다는 말.

콩

건강 먹거리로 경이로운 변신!

콩(대두, 大豆, soybean)은 떡잎이 둘인 쌍떡잎식물로 콩과의 한해살이풀이다. 콩과 식물에는 땅콩·팥·토끼풀·아까시나무·싸리나무·등나무·칡 따위가 있고, 그 식물뿌리에 질소고정세균(뿌리혹세균)이 공생(서로 도우며 함께 삶)하기에 질소 성분이 적은 땅에서도 살면서 땅을 걸게(기름지게) 한다. 참고로 꽃삽으로 토끼풀(클로버)을 캐보면 뿌리에 자잘한 혹들이 조롱조롱 달려 있는데 그것이 뿌리혹이요, 그 속에 현미경으로나 보아야 할 만큼 아주 작은 뿌리혹세균(박테리아, bacteria)이 들었다.

콩꽃

콩꼬투리

콩 줄기는 50~80센티미터로 곧게 서고, 잎은 겹잎으로 3장의 소엽(잔잎)으로 되어 있다. 소엽은 달걀 모양으로 가장자리가 밋밋하다. 꽃은 7~8월에 자줏빛이 도는 붉은색이나 흰색으로 피고, 꽃받침은 종 꼴로 끝이 5개로 갈라지며, 꽃잎은 나비 모양이다. 열매는 콩과 식물의 특징인 꼬투리로 4~7개의 종자가 들어 있고, 다 익어 마르면 콩알이 튀어 나가며 씨방이 변한 콩깍지가 또르르 말린다.

• 두부

콩은 반드시 삶거나 볶아 먹어야 한다. 생콩에 들어 있는 단백질 분해효소(트립신) 작용을 억제하는 비릿한 물질을 파괴하기 위함인데, 결국 익히지 않은 날콩을 먹으면 단백질분해(소화)가 되지 않아 설사를 하게 된다.

콩의 중요 성분은 글리시닌(glycinin)과 레구멜린(legumelin) 단백질이고, 이중 글리시닌이 90퍼센트로 거의 다 차지한다. 콩물을 섭씨 80도 이상으로 데운 후 간수를 콩물에 넣으면 음(-)전기를 띤 글리시닌 단백질과 양(+)전기를 띤 간수의 염화마그네슘($MgCl_2$)이 결합하여(달라붙어) 단백질이 응고, 침전(가라앉음)되니 그것이 두부다. 레몬이나 식초, 소금 따위로 우유를 응고시켜 치즈(cheese)를 만드는 것과 비슷한 원리이다.

그리고 콩 단백질이 몽글몽글하게 응고(엉겨서 뭉쳐 딱딱하게 굳어짐)되었을 때 눌러 짜내지 않고 그대로 먹는 것이 순두부다. 익힌 콩

후난성 초두부. 강한 향이 나는 중국의 발효 두부다.

물을 눌러 짜내고 남은 찌꺼기가 비지인데, 비지 일부는 반찬으로 쓰고 대부분은 가축 사료로 써왔다. 못살 때는 술지게미(술을 거르고 남은 찌꺼기)도 먹는 판이라, 비지를 쌀가루나 밀가루로 반죽하여 빈대떡처럼 부쳐 먹었으니 그것이 비지떡이다. 그래서 '싼 게 비지떡'이란 값이 저렴한(싼) 물건은 품질도 핫길(하등의 질)이라는 뜻이다.

두부(豆腐, tofu)는 주로 한국·중국·일본에서 만들어 먹고, 한국에서는 콩으로 콩나물·청국장·간장·된장을, 일본에서는 일본 된장(미소)이나 콩을 발효시킨, 청국장 비슷한 나또(nattō)를 만들어 먹는다. 미국에서는 바이오디젤유(bio-diesel oil, 식물 기름을 가공하여 경유를 대체하거나 경유에 혼합하여 디젤엔진에 사용할 수 있도록 만든 대체에너지)의 80퍼센트를 콩에서 얻는다고 한다.

• **된장, 간장**

다음은 된장 만들기다. 물에 불린 메주콩을 푹 삶아서 김이 무럭무럭 피어나고, 구수한 냄새가 물씬 풍기는 콩을 절구통에 넣고 절굿공이로 매매 찧는다. 뭉텅뭉텅 한 덩이씩 들어내어 토닥토닥 엎어 치고 메치면서 납작납작, 반듯반듯 네모진 육면체의 목침(나무토막으로 만든 베개)꼴/크기로 모양을 뜬다.

이제 볏짚을 깐 훈훈한 온돌방에 '목침'을 조심스레 펴놓고 며칠을 띄운다. 어지간히 꺼들꺼들 말랐다 싶으면 굵은 짚대로 메주덩이를 묶어 방안 천장에 줄줄이 매달아 겨우내 띄운다. 그러는 사이 볏짚이나 공기로부터 여러 미생물이 절로 메주에 묻어 콩을 발효시킨

짚대로 묶어 매단 메주

장독대 풍경(경기도 안성)

다. 볏짚에는 고초균(마른풀세균)이 덕지덕지 묻어 있고, 이 균이 단백질분해효소를 분비하여 콩(단백질)을 아미노산으로 분해한다.

이제 음력 정월 청명한 날을 잡아 장을 담근다. 알맞은 크기로 쪼갠 탱글탱글한 메주를 장독에 넣고, 미리 받아둔 맑은 소금물을 찰랑찰랑 채운다. 독에다 빨갛게 달군 참숯 서너 개를 띄우니 불순물(순수하지 않은 물질)과 냄새를 없애는 일종의 소독이다. 뿐만 아니라 붉은색이 불길한 일을 막는다 하여 마른 홍고추 몇 개를 띄우고, 부정을 금하느라 장독 언저리에 금줄(인줄)을 맨다.

장독은 양지바른(햇빛이 잘 드는) 곳에 놓고, 맑은 날엔 뚜껑을 열어 햇빛을 쐬어 골마지(곰팡이)가 피는 것을 막는다. 된장을 들어낸 간장을 날간장이라 하는데, 그것을 매매 달여 놓으니 간장의 부패(썩음)를 막고, 졸여 진한 장을 얻기 위함이다. 간장(-醬, soy sauce)은 짠(간, 소금기) 장을 뜻하고, 된장(-醬, fermented bean paste)은 되직한(묽지 않고 조금 빡빡한) 장을 말한다.

가물에 콩(씨) 나듯 어떤 일이나 물건이 어쩌다 하나씩 드문드문 있음을 빗대어 이르는 말.

간장에 쩐(찌든) 놈이 초장(초간장)에 죽으랴 궂은일에 단단히 단련된(익숙한) 사람이 사소한(보잘것없는) 일을 무서워하겠는가를 비유하여 이르는 말.

간장이 시고 소금이 곰팡이 난다(슨다) 간장이 시어질 수 없고 소금에 곰팡이가 날 수 없다는 뜻으로, 절대로 있을 수 없는 일을 이르는 말.

꼬투리 잡는다 괜히 따지거나 시비 걸다.

내 손에 장을 지지겠다 / 내 손톱에 장을 지져라 손이나 손톱에 불을 달아(붙여) 장을 지지게 되면 그 고통이 이루 말할 수 없을 터인데, 그런 모진(견디기 힘든) 일을 보여주어 자기가 옳다는 것을 자신 있게 말할 때 하는 말.

내 콩이 크니 네 콩이 크니 한다 비슷한 것을 가지고 제 것이 낫다고 다투다.

눈에 콩깍지가 씌었다 무언가에 앞이 가리어 사물을 정확하게 못 보거나, 사랑에 푹 빠져 상대의 단점(약점)을 제대로 못 볼 때를 빗대어 이르는 말.

늙은 말이 콩 마다할까 어떤 것을 거절하지 않고 오히려 더 반김을 이르는 말.

바늘뼈에 두부살 바늘처럼 가는 뼈에 두부같이 물렁물렁한 힘없는 살이란 뜻으로, 몸이 아주 허약한 사람을 비꼬아 일컫는 말.

번갯불에 콩 볶아 먹겠다 행동이 매우 민첩함(재빠름)을 이르는 말.

비둘기 나무에 있어도 마음은 콩밭에 가 있다 먹을 것에만 정신이 팔려 온전히 다른 볼일을 보지 못함을 비꼬아 이르는 말.

썩은 콩 씹은 얼굴을 하다 얼굴에 기분 나쁜 표정이 드러나다.

어이딸이 두부 앗듯 어이딸(어머니와 딸)이 두부나 묵 따위를 앗듯(만들듯)이 무슨 일을 할 때 손발이 척척 맞음을 빗댄 말.

장 단 집에는 가도 말 단 집에는 가지 마라 듣기 좋은 말만 하며 아첨하는(알랑거리는) 사람을 조심하라는 말.

장은 묵은 장맛이 좋다 장과 친구는 오래될수록 좋다는 말.

장이 단 집에 복이 많다 장을 맛있게 담그는 것이 매우 중요함을 빗댄 말.

칼로 두부모를 자르듯(베듯) 하다 무슨 일을 하는 데 있어 끊고 맺는 것이 명확하다는 말. '두부모'는 네모나게 잘라놓은 낱개의 두부를 말한다.

콩 가지고 두부 만든대도 곧이 안 듣는다 사람이 영 삐딱하여(비딱하여) 아무리 사실대로 말하여도 믿지 아니함을 이르는 말.

콩 볶듯 총소리가 요란함을 빗대어 이르는 말.

콩 심어라 팥 심어라 한다 대수롭지 아니한 일을 가지고 지나칠 정도로 쩨쩨하게 간섭하다.

콩 심은 데 콩 나고 팥 심은 데 팥 난다 모든 일은 근본에 따라 걸맞은(어울리는) 결과가 나온다는 말.

콩 튀듯 몹시 화가 나서 펄펄 뜀을 빗대어 이르는 말.

콩가루가 되다 어떤 물건이나 집안, 조직이 완전히 부서지거나 망하다.

콩밥 먹다 '콩밥'이란 '죄수의 밥'을 속되게 이르는 말로 징역살이를 한다는 뜻. 예전에 교도소에서 먹던 밥에 콩이 많이 들었던 데서 유래하였다(생겨났다).

콩밭 가에서 두부 찾는다 일의 순서도 모르고 성급하게 덤빈다는 말.

콩밭에 서슬 치겠다 콩을 갈아서 두부를 만들 때 넣는 서슬(간수)을 콩밭에다 친다는 말이니, 일의 순서도 없이 너무 성급하게 서둚을 비꼬아 이르는 말.

숙맥 / 숙맥불변(菽麥不辨) 콩과 보리도 분간하지 못한다는 뜻으로, 누구나 알 수 있는 것도 분간하지 못할 만큼 어리석고 못남을 비유하여 이르는 말.

콩나물

대가리 색깔이 노란 이유는?

콩나물(두아, 豆芽, soybean sprout)은 어느 나라 누구도 생각하지 못했던 것으로 우리나라에서만 볼 수 있던 특유한 것이었다. 그러나 이제는 콩나물은 말할 것 없고 중국이나 일본, 동남아 등지에서 녹두를 싹틔운 숙주나물을 즐겨 먹기에 이르렀다.

콩이 싹을 틔울 때 영양 성분의 변화가 생겨난다. 탄수화물(당류)은 감소하지만 섬유질이 증가하고, 단백질은 약간 줄어드나 소화흡수가 잘 되는(분자구조가 간단한) 아미노산(amino acid)들이 늘어난다. 뿐더러 맨콩을 볶거나 삶아 먹는 것보다 비타민 B_1·B_2·C의 함량도 무척 높아진다. 이렇게 콩째로 먹는 것보다 싹을 틔워 먹으면 영양소를 얻을 수 있다는 것을 알아챈 영명(뛰어나게 지혜롭고 총명함)하신 우리 조상님네들이시다!

구멍이 숭숭 뚫린 시루 바닥에 볏짚을 성글게(듬성듬성) 깔고, 24시간 물에 불린 콩을 담는다. 콩을 불리기 전에 물 위에 둥둥 뜨는 것, 썩거나 깨진 것, 쪼가리 콩 등을 알뜰히 골라내는 것은 물론이다. 콩나물은 '쥐눈이콩(약콩)'을 주로 썼는데 요새는 기름콩(콩나물로 기르는 잘고 흰 콩)을 많이 쓴다.

시루 바닥에서 막 싹트기(뿌리부터 나기 시작함) 시작하면서 뒤죽박죽 드러누웠거나 물구나무선 것들도 있지만, 뿌리는 저마다 땅으로 굽는 땅굽성(굴지성)이 있어서 죄다 아래로 비집고 내려간다. 또 콩나물시루를 어둔 곳에 둘뿐더러 시루 아가리를 검은 보자기로 덮는다. 이는 여린 움(싹)이 빛을 받으면 콩나물에서 녹색 엽록소가 형성되면서 되레 비린 맛이나 냄새를 내기 때문이다. 그렇게 콩나물은 빛을 못 받아 엽록소가 만들어지지 못하는 대신 카로티노이드(carotenoid) 색소가 생기기에 색이 누렇다.

물을 담은, 아가리가 넓게 벌어진 질그릇(옹기그릇)인 자배기 위에 받침대인 쳇다리(그릇 따위에 걸쳐 그 위에 체를 올려놓는 데 쓰는 기구로, Y자 모양으로 된 나무)를 걸치고, 그 위에 콩나물시루를 얹는다. 그다음 물을 꾸준히 서너 시간마다 넘치게 주어 7~10일이면 5~7센티미터로 자라 콩나물을 빼먹는다. 그런데 싹이란 싹들은 '지구를 들어 올리는 힘'을 가진지라 시루를 덮어둔 홑이불 따위의 보자기도 불룩하게 쑥쑥 밀어 올린다.

수시로(그때그때) 콩나물시루에 물을 자주 주는 것은 잔뿌리(수염뿌리)가 생기지 않고 줄기가 억세지는 것을 막기 위함이다. 사막식물들이 긴 뿌리를 내리듯이 땅이 마르면 물을 찾아 뿌리를 깊고 멀리 뻗지만, 물이 넉넉하면 뿌리를 길게 내리지 않는 법이다. 그처럼 쓰라린 고난을 겪은 사람에게서 사람 냄새가 나기 일쑤이고, 그래

콩나물국밥

서 젊어 고생은 사서 하라고 한다.

콩나물은 국밥·비빔밥·황태(북어)국·라면 따위에 넣는다. 때때로 콩나물 대가리를 떼어버리는가 하면 콩나물 꼬리(뿌리)를 떼어버리니 이때 "콩나물 발 다듬는다."고 한다. 특히 콩나물해장국은 숙취 해소(술을 깸)에 으뜸이라 하니 콩나물뿌리에 아스파라긴(asparagine)이 많이 든 탓이다. 아스파라긴은 아미노산의 하나로 백합과 식물인 아스파라거스(asparagus)에서 최초로 분리되었고, 콩나물 꼬리에 특히 많으며, 소주에 넣는 감미료(단맛을 내는 데 쓰는 재료)로도 쓰인다.

시루 안의 콩나물처럼 / 콩나물 박히듯 콩나물시루에 콩나물이 빽빽이 들어선 것처럼 좁은 곳에 많은 사람이 배게(촘촘하게) 들어찬 모양을 빗댄 말. 출퇴근길 버스, 전철 안의 사람들이나 야구장에서 관중들이 복닥댐(많은 사람이 좁은 곳에 모여 수선스럽게 뒤끓음)을 꼬집을 적에 쓴다.

콩나물 같다 비쩍 마른 것이 키만 멀대(키가 크고 멍청한 사람) 같은 사람을 이르는 말.

콩나물에 낫걸이 콩나물을 낫으로 친다는 뜻으로, 작은 일에 요란스럽게 큰 대책(방책)을 세움을 빗댄 말.

팥

액운을 쫓아준다는 붉은 곡식

팥(소두, 小豆, red bean)은 콩과 식물의 한해살이풀로 원산지는 중국이다. 주로 한국·중국·일본에서 재배되는 특수작물로 소두(小豆)·적소두(赤小豆)·홍두(紅豆)라고도 한다. 키는 50~90센티미터이고, 줄기가 곧게 서는 보통 팥과 덩굴성인 덩굴 팥으로 나뉜다. 잎은 어

팥꽃

긋나고, 3개의 달걀꼴인 잔잎(소엽)이 모여서 된 겹잎(복엽)이다.

여름에 잎겨드랑이에서 나온 긴 꽃자루 끝에 작은 나비 닮은 누런색, 또는 붉은 자주색의 꽃이 달리며 제꽃가루받이(자가수분) 한다. 꼬투리는 길이 10센티미터 정도의 가늘고 긴 원통형이고, 속에 3~10알의 씨(종자)가 들며, 종자 껍질의 색깔에 따라 붉은팥·검정팥·푸른 팥·얼룩 팥 등으로 구별한다. 팥 씨껍질의 붉은 색소는 안토시안(anthocyan) 색소이다. 참고로 콩과 식물의 씨를 싸고 있는 껍질을 '꼬투리'라 하고, 꼬투리에서 알맹이를 털어내고(까내고) 남은 껍질을 '깍지'라 한다.

앞서 '콩' 편에서도 이야기했지만 땅콩·콩·토끼풀·아까시나무·싸리나무·등나무·칡과 같은 콩과 식물은 대기(공기) 중의 질소를 고정(잡아둠)하는 질소고정세균이 뿌리혹(세균 자극으로 뿌리 조직이 이상 발육하여 생긴 혹)에 들어 있어서 질소가 부족해도 자랄 수 있다. 질소고정세균은 숙주식물인 콩과 식물에서 영양분을 얻어 살면서 공기 질소를 유기 질소(식물이 쓸 수 있는 질소 물질)로 만들어 숙주식물에 잇따라 대주므로 둘은 공생한다.

다시 말하면 질소고정세균은 특별한 뿌리혹세균(주로 콩과 식물의 뿌리혹에 사는 세균)이다. 그리고 콩과 식물의 뿌리는 공중에 어마어마하게 널려 있는 질소(공기의 78%)를 고정하는 커다란 비료 공장인 셈이다. 그런데 과학자들은 비싼 질소비료를 이 세균들에서 얻으려 든다. 곧 이 세균들이 가지고 있는 '질소고정유전자(DNA)'를 벼나

붉은팥

밀 등의 여러 곡식에 떡하니 집어넣어 식물 스스로 질소를 만들게 하려 한다.

팥은 팥죽을 쑤어 먹거나 밥에 잡곡으로 넣어 먹으며, 떡이나 빵의 고물(인절미나 경단 따위의 겉에 묻히거나, 시루떡의 켜와 켜 사이에 넣는 가루)과 소(송편이나 만두 따위를 만들 때 익히기 전에 속에 넣는 재료)로 쓴다. 그리고 팥은 탄수화물 55퍼센트로 탄수화물이 30퍼센트인 콩(soybean)에 비해 단백질이 적고 탄수화물이 많은 편이다.

예부터 동지 절기를 '작은 설'로 여겼다. "동지가 지나야 한 살을 더 먹는다."고 하여 동지팥죽에 새알심을 함께 넣어 끓이는데, 나이 수대로 넣어 먹는다. 그리고 동짓날 쑨 팥죽을 대문·장독대·곳간·방 등 사방(동서남북)에 흩뿌렸으니 역병귀신을 쫓아 재앙(불행한 사고)을 면하고, 잔병을 없애자는 것이다.

삶은 팥이 싹 나거든 도저히 이루어질 수 없다는 말.

솥에 넣은 팥이라도 익어야 먹지 아무리 솥 안에 있는 팥이라도 익은 다음에야 먹지 날로는 먹지 못한다는 뜻으로, 일에는 반드시 밟아야 할 절차(순서)가 있다는 말.

인절미 팥고물 묻히듯이 온통 더버기(무더기로 쌓이거나 덕지덕지 붙은 상태)로 뒤집어쓰거나 씌우는 모양을 이르는 말.

콩 볶듯 팥 볶듯 총소리가 요란함(시끄럽고 떠들썩함)을 빗대어 이르는 말.

콩에서 콩 나고 팥에서 팥 난다 모든 일은 근본(본바탕)에 따라 거기에 걸맞은(어울리는) 결과가 나타난다.

콩을 팥이라고 우긴다 사실과 다른 주장을 막무가내로 내세워 억지스럽게 고집을 부린다는 말.

콩이야 팥이야 한다 여기나 저기나, 끼어들 때나 안 끼어들 때를 분간(구별)하지 않고 남의 일에 간섭(참견)함을 이르는 말.

터진 팥 자루 같다 북한어로, 기분이 하도 좋아 입을 다물지 못하고 있는 모습을 빗대어 이르는 말.

팥대우를 파다 초봄에, 보리나 밀을 심은 밭이랑에 호미로 파서 드문드문 팥을 심는 것을 빗대어 이르는 말.

팥으로 메주를 쑨대도 곧이듣는다 귀가 여려서 속는 줄도 모르고 무조건(다짜고짜로) 남의 말을 믿는 사람을 놀림조로 이르는 말.

감자

뿌리가 변한 것일까, 줄기가 변한 것일까?

감자는 밥거리(밥을 지을 양식거리)는 물론이고 소주나 당면의 원료가 되며, 감자떡 · 부침개 · 조림 · 튀김 · 전 · 볶음 · 국 · 샐러드(salad) · 칩(chip) 등의 자료이다.

서양 말에 '뜨거운 감자(hot potato)'란 말이 있다. 막 구운 맛있는 감자를 먹고는 싶지만 뜨거워서 삼킬 수도 뱉을 수도 없음을 이르는 말로, '중요한 문제이지만 해결이 쉽지 않아 이러지도 저러지도 못하는 곤란한 경우나 사건'을 일컫는다. 그리고 '감자바위'란 감자가 많이 나는 강원도나 그곳 출신을 낮잡아 이르는 말인데, 감자는 논이 부족한 강원도의 대표적인 작물이며, 그 외에 옥수수와 메밀 따위가 있을 정도다.

감자(감저, 甘藷, potato)는 페루나 칠레의 남미 안데스산맥 지대가 원산지로 세계적으로 5000여 품종이 있다. 감자는 가지과(科)의 한해살이풀(일년초)이며, 같은 과에는 꽈리 · 가지 · 고추 · 구기자 · 담배 등이 있고, 무엇보다 이 식물들의 꽃을 견줘보면 서로 매우 닮았으니 가까운 생물일수록 생식기가 비슷하다는 것이다.

6월경이면 긴 꽃대 끝자락에 별꼴을 한 꽃이 조르르 열린다. 5갈래로 얕게 갈라진 꽃잎은 흰색·보라색·붉은색 등이 있고, 보통은 딴꽃가루받이(타가수분)를 하지만 일부는 제꽃가루받이(자가수분)도 한다. 꽃이 진 뒤에 300여 개의 씨가 든, 토마토 닮은 작은 열매가 달리는데 그것을 싹틔워 감자 품종개량에 쓴다.

우리가 먹는 감자 덩이는 '줄기'에 해당하고, 고구마는 '뿌리'다. 고구마를 캐보면 덩이에 잔뿌리들이 많이 나 있지만 감자는 뿌리 하나 없이 매끈하다. 그래서 고구마는 뿌리가, 감자는 줄기가 변한 것이다. 감자는 오목 들어간 눈(eye)이 박힌 덩이를 짜개어 심고 고구마는 순을 내어서 잘라 심는다.

감자 꽃

감자 눈. 눈에서 싹이 난다.

감자 잎에 날아든 큰이십팔점박이무당벌레

감자밭에서 잎줄기(잎과 줄기)를 만지거나 스치면 고약한 냄새가 난다. 또 햇볕을 받아 파래진 움싹(갓 돋아나는 어린 싹)이나 감자에는 솔라닌(solanine) 물질이 들어 있으므로 그런 것은 절대로 먹지 말아야 한다. 솔라닌은 두통·설사·쥐(경련)를 일으키고, 경우에 따라서는 혼수상태에 이르게 하여 목숨을 잃게 하는 수도 있다. 이는 감자를 포식하는 천적 동물들로부터 자기를 보호하기 위한 것이다.

감자 잎이 어느 정도 자라면 겉날개에 큰 점이 28개가 난 '큰이십팔점박이무당벌레(왕무당벌레붙이)'가 별안간 날아든다. 이 녀석이 진딧물을 잡아먹는 익충(이론벌레)인 무당벌레인가 싶었는데 나중에 알고 보니 가지과의 잎을 갉아먹는 해충(해론벌레)이 아닌가. 이렇게 이 무당벌레가 솔라닌이 든 잎을 먹어도 아무 탈이 없는 까닭은 진화 과정에서 독성물질을 분해하는 효소가 생겨난 탓이다. 그리고 우리말 이름(국명, 國名)은 아무리 길어도 큰이십팔점박이무당벌레처럼 붙여(이어) 쓴다.

감자 잎에 노루고기를 싸 먹겠다 북한어로, 감자가 한창 자라는 여름에 때아닌 눈이 내려서 먹이를 찾으러 마을로 내려온 노루를 잡아먹을 수 있겠다는 뜻이며, 철이 아닌 때에 눈이 내리는 경우를 이르는 말.

감자밭에서 바늘 찾는다 '잔디밭에서 바늘 찾기'와 비슷한 속담으로 아무리 애써도 어떤 일이 헛수고임을 이르는 말.

벼

쌀 한 톨을 얻는 데 여든여덟 번 손길이 간다고?

낟알이 달린 벼

벼(도, 稻, rice)는 외떡잎식물 벼과(화본과)에 드는 한해살이풀이다. 원산지는 중국으로 추정되는데 크게 보아 우리가 주로 먹는, 차지면서 쌀알이 짧은 일본종과 퍼석퍼석하면서 길쭉한 인도종으로 나뉜다. 세계적으로 거래되는 쌀의 90퍼센트는 인도종이고, 그것이 이른바 안남미(Annam rice)로 벼가 많이 나는 베트남

안남(安南) 지방의 이름에서 따온 것이다.

쌀(미, 米, rice)은 흰색·갈색·흑색·자주색·적색인 것이 있고, 세계 인구의 40퍼센트 정도가 쌀을 주식(끼니에 주로 먹는 음식)으로 하며, 밀(소맥) 다음으로 많이 생산되는 곡식이다. 벼는 배유(배젖)의 특성에 따라 메벼와 찰벼로 나누어지고 멥쌀은 주로 밥쌀로, 찹쌀은 떡쌀로 쓰인다.

벼는 열대, 아열대 지방에서 잘 자라고, 줄기는 1미터 정도로 크며, 속이 텅 비었다. 뿌리는 물속에 잠겨 있는 탓에 공기(산소)를 충분히 얻을 수 없다. 따라서 잎줄기의 기공(숨구멍)에서 얻은 공기를 줄기를 통해 뿌리에 전해야 하기에 속이 빈 것이고, 뿌리줄기에 듬성듬성 큰 틈이 있어서 공기를 저장(갈무리)한다. 잎은 가는 것이 길쭉하고, 꽃에는 6개의 수술과 1개의 암술이 있으며, 제꽃가루받이(자가수분)한다.

쌀의 성분은 탄수화물 70~85퍼센트, 단백질 6.5~8.0퍼센트, 지방 1.0~2.0퍼센트이고, 쌀 100그램의 열량은 360칼로리 남짓이다. 참고로 세계 3대 곡식의 주요 영양소를 비교해보면 단백질은 밀 12.6퍼센트, 옥수수 9.4퍼센트, 쌀 7.1퍼센트 순이고, 지방은 옥수수 4.74퍼센트, 밀 1.54퍼센트, 쌀 0.66퍼센트 순으로 쌀은 탄수화물(녹말)이 제일 많고, 단백질과 지방은 부족한 편이다.

쌀을 한자로 '米'로 쓴다고 했다. 米자를 파자(한자의 자획을 풀어 나눔) 하면 '八 十 八'이 되니 한 톨의 쌀알을 얻는 데 여든여덟 번의

벼꽃

손질이 간다는 뜻이렷다. 또 여든여덟 살(88세)을 미수(米壽)라 하는 까닭도 이해가 될 것이다.

그런데 "지금 찬밥 더운밥 가릴 때냐?"라거나 '찬밥 신세'에서 '찬밥'의 뜻은? 그렇다. 녹말(전분)은 소화가 잘 되는 알파녹말(α-starch)과 좀처럼 소화가 되지 않는 베타녹말(β-starch)이 있다. 밥을 데우면 알파전분 상태가 되며, 찬밥은 빳빳이 굳은 베타전분 상태로 소화가 되지 않는다. 찬밥은 언제나 데워 먹어야 소화가 잘 된다.

벼는 하나도 버릴 게 없다. 왕겨(벼의 겉겨)는 베갯속에 넣거나 번개탄을 만들고, 속겨는 비료나 비누 원료가 된다. 짚은 소여물로 쓰고, 새끼를 꼬아서 덕석, 멍석을 짜며, 지붕 이엉과 짚둥우리를 만들었고, 작두로 썬 지푸라기는 황토에 섞어 담벼락을 쌓았는데……. 무엇보다 사랑방에서 손수 삼아 신었던 짚신 생각이 나는구나.

가난한 양반 씻나락 주무르듯 씻나락을 털어먹어 버리자니 앞날이 걱정스럽고 그냥 두자니 당장 굶어 죽을 판이라 볍씨만 만지작거리고 있다는 뜻으로, 이미 닥친 일에 우물쭈물하면서 선뜻 결정을 내리지 못함을 가리키는 말. '씻나락'이란 볍씨(못자리에 뿌리는 벼의 씨)를 말한다.

귀신(도깨비) 씻나락 까먹는 소리 분명하지 않게 우물우물 말하는 소리나 이치에 닿지 않는 엉뚱하고 쓸데없는 말.

벼이삭은 익을수록 고개를 숙인다 교양 있고 수양(몸과 마음을 갈고닦음)을 쌓은 사람일수록 겸손하고 남 앞에서 자기를 내세우려 하지 않음을 빗대어 이르는 말.

쌀에 뉘 섞이듯 많은 가운데 아주 드물게 섞여 있음을 빗대어 이르는 말. 쌀이란 벼에서 껍질을 벗겨낸(쓿은) 알맹이를 이르고, 뉘란 쓿은쌀 속에 껍질(등겨)이 벗겨지지 않은 채로 섞인 벼 알갱이를 이른다.

쌀에서 뉘 고르듯 많은 것 중에 쓸모없는 것을 하나하나 골라냄을 빗대어 이르는 말.

자식은 내 자식이 커 보이고 벼는 남의 벼가 커 보인다 자식은 자기 자식이 훨씬 잘나 보이고, 재물은 남의 것이 더 좋아 보여 탐이 남을 비꼬아 이르는 말. 나락은 벼의 다른 말이다.

참새가 허수아비 무서워 나락 못 먹을까 이루고자 하는 일이 있으면 얼마쯤의 위험은 감수(달게 받아들임)해야 함을 빗댄 말.

오이

물 많은 '물외'

오이(과, 瓜, cucumber)는 박과의 한해살이 덩굴식물로 인도 북서부가 원산이며, 3000여 년 전부터 재배하였다 한다. 줄기가 변한 덩굴손이 마디마다 뻗어 나와 그것으로 다른 물체를 찬찬(단단하게 감는 모양) 감아 매고는 고개를 치켜들고 기어오른다. 오이를 흔히 '물외'라 하니 '참외'와 구별하기 위해 쓰는 말이다.

오이는 줄기에 꺼칠꺼칠한 털이 많이 나고, 잎은 어긋나는데, 손바닥 모양의 잎은 가장자리가 얕게 갈라지며 거친 톱니가 난다. 6~7

오이(물외)

월에 샛노란 꽃이 피고, 꽃잎이 5장인 통꽃이다. 한 줄기에 여러 수꽃과 몇 개 안 되는 암꽃이 달리는 자웅이화(암수딴꽃)로 수꽃에는 3개의 수술이 있고, 암꽃은 둥글고 긴 씨방(애오이)을 가졌다.

오이(열매)는 어릴 때는 녹색이다가 늙으면 황갈색으로 바뀌고, 품종에 따라서 애오이 때는 오이 껍질에 우둘투둘하고 자잘한 가시 돌기가 나서 맨손으로 만지면 따갑지만, 오이가 익어 씨가 여물 무렵이면 시나브로 그것이 없어진다. 이는 다른 동물들에게 "나를 어서 먹고 가 씨앗을 멀리, 널리 퍼뜨려 달라."는 꼼수라 하겠다.

오이에는 '쿠쿠르비타신(cucurbitacin)'이라는 씁쓰름한 맛을 내는 성분이 들었고, 특히 오이 꼭지에 많아서 '오이를 거꾸로 먹어도 제멋'이란 속담의 근거(까닭)가 되었다. 스테로이드(steroid) 물질이라 할 수 있는 이것은 질소비료를 너무 많이 사용하였거나 가뭄에 특히 더하고, 열에 매우 강하여 데워도 사라지지 않는다. 또 오이·

참외. 오이와 같은 박과 식물이다.

수박·호박·박·멜론·하눌타리 따위의 박과 채소에 생기는데 자기를 해치려는 천적(초식동물)을 쫓으려고 만든 일종의 독성물질이다.

우리가 주로 먹는 오이는 백다다기오이·취청오이·가시오이 등이다. 누렇게 익은 늙다리 오이를 '노각'이라 하며, 노각나물은 입맛을 돋운다. 특히 노각 속에 고기를 다져 넣고 맑은장국으로 끓인 오이무름국은 별맛(별미)이다. 그리고 오이는 냉국·무침·소박이·지·피클(pickle)·깍두기 등 여러 요리에 쓰인다.

오이는 수분이 90퍼센트가 넘어서 갈증 해소에 좋고, 숙취나 두통에도 이로우며, 허기를 가시게 한다. 여러 가지의 비타민 B와 칼슘·철·마그네슘·칼륨 등의 무기영양소를 가져서 피로 회복에도 좋다.

오이 팩(pack)은 물론이고 오이를 어슷썰기 하여 조각을 얼굴에 다닥다닥 얹으면 피부를 꼽꼽하게 보습하고, 미백(살갗을 아름답고 희게 함)하니 살갗 주름과 노화 방지에도 도움이 된다 한다. 입 냄새가 날 때는 오이 조각 하나를 혀에 얹어 입천장과 맞닿게 하여 잠시(30초)만 있으면 냄새가 싹 가신다.

개똥참외는 먼저 맡는 이가 임자라 길가나 들 같은 곳에 저절로 생겨난 개똥참외같이 임자 없는 물건은 먼저 발견한 사람이 차지하게 마련이라는 말.

개똥참외도 가꿀 탓이다 엔간한(보통인) 사람도 잘 가르치면 훌륭한 인물이 될 수 있다는 말.

쓴 오이 한 개 안 준다 북한어로, 사람이 몹시 인색하게(짜게) 굶을 빗댄 말.

오이 덩굴에 가지 열리는 법 없다 그 아버지에 그 아들밖에 날 수 없음(부전자전, 父傳子傳)을 이르는 말.

오이를 거꾸로 먹어도 제멋 외(오이)를 씁쓰레한 꼭지부터 먹더라도 신경 쓰지 말라는 뜻으로, 나름대로 자기 일은 알아서 할 것이니 간섭하지 말라는 말.

오이밭에서 신을 고쳐 신지 말고, 자두나무 밑에서 갓을 고쳐 쓰지 말라 남이 잘못 생각할 수 있는 행동은 하지 않는 것이 좋다는 말.

오이씨 같은 버선발(외씨버선) 하얗고 깨끗한 버선을 신은 여자의 발 맵시가 갸름하고 예쁨을 일컫는 말.

장마에 오이(물외) 굵듯(크듯) 좋은 환경에 무럭무럭 잘 자람을 빗댄 말.

참외도 까마귀 파먹은 것이 다르다 까마귀가 잘 익은 참외만 골라서 파먹는다는 뜻으로, 남이 좋다고 욕심내는 것은 역시 좋은 것이라는 말.

참외를 버리고 호박을 먹는다 좋은 것을 버리고 나쁜 것을 취한다는 말.

참외밭에 들어선 장님 필요한 것을 앞에 놓고도 뭐가 뭔지를 가리지 못하는 사람을 이르는 말.

크고 단 참외 겉보기도 좋고 실속도 있어 마음에 드는 물건을 이르는 말.

고사리

제사상에 오르는 이유는 강한 번식력 덕분이다?

고사리(미, 薇, fern)는 여러해살이풀(다년초)로 양치식물(羊齒植物)이라 부르니 잎의 가장자리가 꼭 '양의 이빨'을 닮았기 때문이다. 잎·줄기·뿌리의 구별이 뚜렷하고, 물관과 체관이 있는 관다발식물(유관속식물)이며, 꽃이 피지 않는 은화식물(민꽃식물)로 홀씨(포자, 胞子)로 번식하는 홀씨식물이다.

전국 각지에 자생하는 고사리

고사리는 양달에 잘 자라는데 지금 우리나라 산이란 산은 모두 숲으로 우거져 그늘진 탓에 고사리가 날 자리를 잃었다. 그래서 고작 야산 언저리에서만 꺾을 수 있고, 산에서 캐온 고사리 뿌리를 밭에다 심어 키워서 먹는 판이다. 고사리뿐만 아니라 딴 산채(산나물)도 마찬가지이다.

고사리는 딴 풀들이 추워서 꿈쩍도 못하고 웅크린 이른 봄에, 다른 푸새(산과 들에 저절로 나서 자라는 풀을 통틀어 이르는 말)보다 일찌감치 뿌리줄기에서 빼족빼족 '아기 손' 새싹을 길쭉길쭉 틔운다.

고사리 꺾으러 다니는 사람들 머리에는 어디에, 언제, 얼마나 나는지 '고사리 지도'가 훤히 그려져 있다. 그러나 초행인 사람은 무턱대고 두리번두리번 안달하다 늘 허탕 치기 일쑤다. 몸을 쓰지 말고 머리를 써라 했겠다. 무엇보다 수북이 너부러져 있는 마른 고사리 줄기 덤불을 찾는 것이 지름길이요, 천신만고(수고로움) 끝에 하나만 찾았다 하면 틀림없이 둘레에 맞서는 친구 놈들이 버티고 있다. 15센티미터가 넘는 탱탱하게 물 오른 대궁이(그루터기)를 부드럽게 잡고, 살짝 밀면 쉽게 톡 꺾인다. 굽실굽실 허리 한 번 구푸려(구부려) 고사리 하나를 꺾으니 한참 뒤면 내 허리가 아닌 꾸부정한 허리가 된다.

고사리는 홀씨나 뿌리줄기를 뻗어서 번식한다. 이파리 뒷면에 붙은 수많은 포자낭(홀씨주머니)에서 홀씨가 형성되고, 그것이 촉촉한 땅에 떨어져 줄곧 싹을 틔우니 넓적한 잎 닮은 전엽체이다. 전엽

어린 고사리

체에는 정자와 난자를 만드는 장정기와 장란기가 있고, 거기서 만들어진 정자 난자가 수정하여 자란 것이 바로 새로 생긴 어린 고사리다.

갓 흙을 뚫고 올라와 고개 숙인 채 오뚝 선, 보드랍고 여린 고사리 순을 볼라치면 손가락을 말아 쥔 듯한 주먹 모양이다. 어린 고사리 줄기 끝에는 여러 개의 '어린이 주먹'이 돌돌 말아 감겨 있고, 천천히 자라면서 널따란 '봉황새의 꼬리'처럼 쫙쫙 펴진다. 그리고 뻣뻣하게 센 고사리 줄기는 가리고 여린 고사리 잎만 따 모은 것이 '고사리밥'으로 먹어보면 무척 야들야들하다.

고사리는 번식력이 하도 강해서 아무리 송두리째 꺾었어도 일주

일만 지나면 끝끝내 꼿꼿한 새순을 내리 피운다. 이처럼 펵이나 끈질기고 억세어서 무슨 일이 있어도 기어이 종자를 남기기에 자식을 많이 낳게 해달라는 간절한 바람으로 고사리나물을 제사상에 올리는 것이다.

다른 산나물(묵나물)이 다 그렇듯이 고사리도 끓는 물에 데친 뒤 물에 푹 담가서 독성분을 우려낸 다음, 땡볕에 말려 꾸깃꾸깃 길쭉한 꾸러미를 꾸리고 꽁꽁 처매 오래오래 보관한다. 그것을 삶아 참기름·간장·다진 파·마늘·깨소금을 넣고 조물조물 버무려 볶으니 고사리나물이요, 고사리는 비빔밥에도 약방 감초처럼 들어간다.

익혀 우려내지 않은 고사리에는 비타민 B_1을 분해하는 효소와 위암 발암물질이 있다고 한다. 그러나 고사리는 면역력을 높여주고, 식이섬유(음식에 든 먹을 수 있는 셀룰로오스)가 풍부하여 변비에 좋으며, 기력 회복에 좋고, 피를 맑게 해준다고 한다.

고사리(고사리밥) 같은 손 여리고 포동포동한 귀여운 어린아이의 주먹손(주먹을 쥔 손)을 빗댄 말. 어린 고사리 순과 고사리밥(어린 고사리 잎줄기)이 아기 주먹손과 매우 비슷하여 붙인 관용구이다.

고사리는 귀신도 좋아한다 북한어로, 예로부터 고사리는 제삿날에 온 귀신도 좋아해서 제상(제사를 지낼 때 제물을 벌여놓는 상)에 빼놓지 않고 올려놓았다는 데서, 우리나라 사람들이 몹시 즐겨 먹는 음식임을 빗대어 이르는 말.

고사리도 꺾을 때 꺾는다 무슨 일이든 하여야 할 때가 있는 것이니 시기를 놓치지 말고 제때 해치워야 한다는 말.

수박

자연에서 온 이뇨제

수박(서과, 西瓜, watermelon)은 박과의 덩굴식물로 아프리카 원산이고, 수과(水瓜)라고도 하며, 자웅동주(암수한그루)에 암꽃과 수꽃이 따로 핀다. 줄기(덩굴)는 땅 위를 길게는 7미터나 자라고, 가지가 여러 갈래로 뻗는다. 잎은 심장 꼴이고, 열매의 수분은 91퍼센트로 물이 많아 '물 많은 박(수박)'이란 이름이 붙지 않았는가 싶다.

꽃은 5~6월에 노랗게 피며, 암꽃은 갈래꽃잎이 5개이고, 씨방이 꽃잎 아래에 앙증맞게 앉아 있다. 수박 한 통에 많게는 500여 개의 씨가 들었고, 씨앗은 흑갈색으로 난형(달걀 모양)이다. 원래 수박은 씨를 먹기 위해 심었다고 한다. 수박씨로 짠 기름을 식용유로 쓰거나 말려서 볶아 먹는다고 하는데, 요새는 과육(열매 살)을 먹는 탓에 씨 없는 수박도 만든다.

우리나라 초대 육종학자인 우장춘 박사가 '씨 없는 수박'을 만들었다고 하지만, 실은 일본에서 1943년경에 이미 만들어졌던 것이다. 그리고 그가 광복 후 귀국하여 홑꽃 피튜니아(petunia)를 겹꽃으로 만드는 데 성공하였으니 한때 '우장춘 꽃'으로 불리기도 했다.

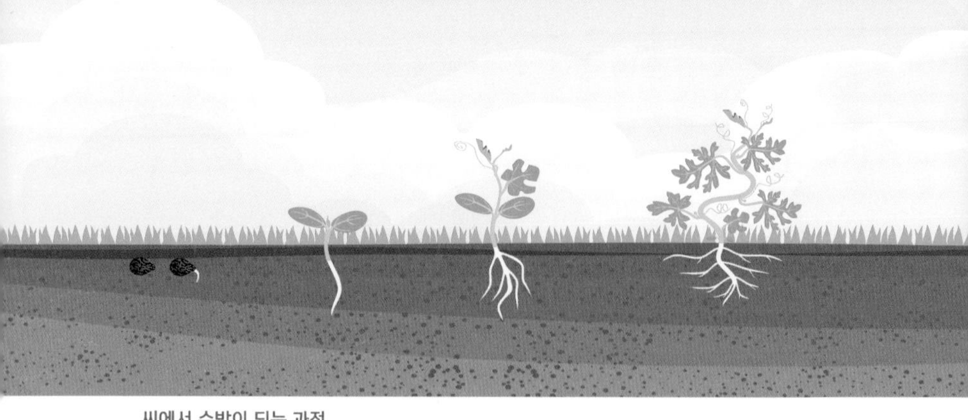

씨에서 수박이 되는 과정

수박의 어린모를 박이나 호박 모종에 접을 붙인다. 이는 수박보다 박이나 호박 뿌리가 훨씬 튼튼하여 물과 양분을 더 많이 잘 빨아들일 수 있고, 병충에 강해서이다(다른 과일나무들을 접붙이는 까닭도 같은 원리임).

수박의 붉은 속살은 라이코펜(lycopene) 색소 물질 때문인데 잘 익은 토마토나 감에도 마찬가지로 많고, 배뇨(오줌을 나오게 함)를 촉진시킨다 한다. 그래서 수박은 신장병(콩팥에 생기는 병)이나 고혈압으로 생기는 부종(부기)을 가시게(없어지게) 한다.

선생님이 살짝 구부린 손가락으로 귀여운 학생의 머리를 톡톡 두드리고는 "야, 수박이 익었구나?" 하신다. 수박은 손가락 끝으로 튕겨보거나 두드려보아 경쾌한(가볍고 상쾌한) 소리가 나면 제대로 익은 것이요, 소리가 둔하면(무디면) 설익은(덜 익은) 것이다.

수박은 사토(모래흙)에서 더 잘 자란다. '원두'란 수박을 비롯해 밭에 심어 기르는 오이·참외·호박 따위를 통틀어 이르는 말로 '원두

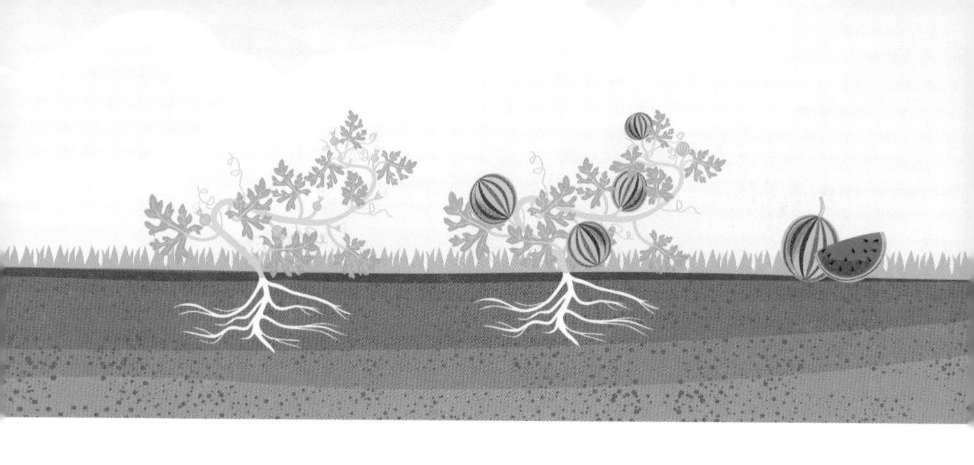

한이'는 원두막에서 수박이나 참외 따위를 파는 사람이다. 또한 속담 "원두한이 사촌을 모른다."는 원두한이는 워낙 깍쟁이라 사촌이 와도 절대 거저 주거나 헐하게 주지 아니한다는 뜻이다.

수박 서리(떼를 지어 남의 과일·곡식·닭 따위를 훔쳐 먹는 장난)도 빼놓을 수 없는 어린 시절의 추억거리다. 또래 친구 몇몇이 오후 내내 망보면서 원두막의 동정(사정)을 살피고 있다가 그림자가 길어지는 해거름이 되면 이때다 하고 출동한다. 한두 녀석이 홀딱 벗고는 벌거숭이 맨몸을 웅숭그리고, 숨소리도 죽여가며 살금살금 수박밭으로 기어든다. 그맘때면 사람 살색이 눈에 잘 띄지 않기에 원두한이를 감쪽같이 속일 수 있다. 요행히(다행히) 들키지 않고 수박 한 통을 퍼뜩 안고 나와 함박웃음 지으며 질펀하게 먹던 그 수박 맛을 잊을 수가 없구나!

되는 집에는 가지나무에 수박이 열린다 하는 일마다 좋은 결과를 맺음을 비유하여 이르는 말.

선 수박의 꼭지를 도려냈다 북한어로, 그냥 놓아두어도 좋을 것을 공연히(괜히) 손을 대서 못 쓰게 만들었다는 말.

수박 겉핥기 맛있는 수박을 먹는다는 것이 딱딱한 겉만 핥고 있다는 뜻으로, 사물의 속 내용은 모르고 겉만 건드린다는 말.

수박 먹다 이 빠진다 운이 나쁘면 대단치 않은 일을 하다가도 뜻밖의 해를 입을 수 있음을 빗댄 말.

수박 흥정 속을 들여다보지 못하고 하는 흥정(물건을 사고팖)을 이르는 말.

수박은 속을 봐야 알고 사람은 지내봐야 안다 수박은 쪼개서 속을 보아야 잘 익었는지 설익었는지 알 수 있고, 사람은 함께 지내보아야 속마음이 어떠한지 알 수 있음을 뜻하는 말.

호박에 줄 긋는다고 수박 되랴 아무리 위장(거짓으로 꾸밈)하고 치장(잘 매만져 곱게 꾸밈)을 하여도 타고난 근본(본성)은 변하지 않는 것인데도 본바탕이 못생긴 것도 모르고 꾸밈에 지나치게 신경 쓰는 사람을 비꼬아 이르는 말.

박

속을 파내고 삶고 말려서 바가지를 얻다

박(포과, 匏瓜, gourd)은 박과의 덩굴성 식물로 인도 원산이다. 열매는 둥근 것이 지름이 10~20센티미터 내외(안팎)이고, 어릴 적엔 초록빛이나(과일 스스로도 광합성을 하기 위함) 완전히 익으면 하얗게 변한다. 잎은 심장 꼴이고, 꽃잎은 5갈래로 갈라진다. 수술엔 3개의 꽃밥(꽃가루주머니)이 붙고, 암술머리가 셋으로 갈라지며, 수분(가루받이)과 수정(정받이) 끝에 씨방(자방) 벽이 부풀어서 열매가 된다. 오이·멜론·호박·수박·수세미·참외·여주 같은 박과 식물의 꽃은 죄다 노랗지만 박꽃은 유난히 희다.

덩굴손으로 물건들을 붙잡으면서 살금살금 이엉지붕에 오른 박은 길차게(아주 길게) 사방으로 넝쿨을 뻗는다. 어느새 해 지면 새하얀 꽃잎 벌어 밤새도록 야행성 나방이(박각시)를 부른다. 충매화(곤충에 의해 꽃가루받이가 되는 꽃)인 박꽃을 꽃가루받이 해주는 박각시는 빠른 날갯짓으로 정지비행을 한 채 몸보다 긴 빨대를 꽂아 꽃물을 빠는 것이 벌새(hummingbird)와 어슷비슷하다 하겠다.

무서리(묽은 첫서리)가 내릴 즈음 지붕의 박을 따서 슬근슬근 톱질

어린 박. 박은 덩굴로 자라며, 흰색 꽃은 저녁때 피었다가 다음 날 아침에 시든다.

로 반을 켜고 속을 파내어 그것을 솥에서 설설 삶고 끓여 다시 안팎을 깨끗이 다듬은 뒤에 말려 쓰니 그것이 바가지요, 표주박이다. 뒤웅박은 제대로 익지 않은 늦가을의 박을 타지 않고, 꼭지 부근에 손이 들어갈 만한 구멍을 도려내 속을 파내고 말린 것이다. 또한 위와 아래가 둥글면서 가운데가 잘록한(보통 윗부분의 것이 작음) 호리병을 빼닮은 박이 있으니 이를 '호리병박' 또는 '조롱박'이라 한다.

익은 박

바가지는 용도(쓸모)도 다양하다. 쌀독에서 쌀을 푸는 쌀바가지, 장독에서 장을 푸는 장조랑바가지(조롱박), 물독에서 물을 푸는 물바가지, 쇠죽을 담는 쇠죽바가지 등등이 있다. 굵은 줄을 길게 달아 우물물을 퍼 올리는 데 쓰는 것은 두레박이다. 생활필수품으로 우리와 아주 가까웠던 표주박은 지금은 플라스틱 바가지가 그 자리를 대신하고 말았다.

조롱박

굿판에서는 바가지를 통째로 짓밟아 깨뜨려 액운(불운)을 쫓았다. 신부 어머니가 함을 받을 때에 방문 앞에 준비해놓은 바가지를 밟아 깨뜨리는데, 이는 함잡이(신랑 집에서 신부 집에 보내는 함을 지고 가는 사람)를 뒤따라온 귀신을 놀라게 하여 쫓아내는 의례(의식)이다. 신라 시조 혁거세는 박만큼이나 큰 알에서 태어났다 하여 박 씨 성이 붙었다 하고, 오늘날에도 가면극의 가면(탈)을 바가지로 만드는 때가 많다.

가을 중의 시주 바가지 같다 가을 시주(절이나 승려에게 물건을 베풀어주는 일) 바가지가 가득하듯 무엇이 넘치게 한가득 담긴 것을 빗대어 이르는 말.

뒤웅박 팔자 입구가 좁은 뒤웅박 속에 갇힌 팔자라는 뜻으로, 일단 신세를 망치면 거기서 헤어 나오기가 어려움을 비유적으로 이르는 말.

똥바가지를 쓰다 몹시 망신(창피)을 당하거나 남이 져야 할 책임을 억울하게 맡아 지게 되다.

바가지 긁다 주로 아내가 남편을 못마땅하게 여겨 자질구레한 잔소리를 지나치게 함을 빗대어 이르는 말.

바가지 쓰다 물건 값을 실제 가격보다 비싸게 주어 억울한 손해를 보다.

사내가 바가지로 물을 마시면 수염이 안 난다 남자들이 부엌에 자주 드나들면 남자답게 되지 못함을 빗대어 이르는 말.

얼음에 박 밀듯 말이나 글을 거침없이 줄줄 내리읽거나 윔을 빗댄 말.

집에서 새는 바가지는 들(밖)에 가도 샌다 본바탕이 좋지 아니한 사람은 어디를 가나 그 본색을 드러내고야 만다는 말.

쪽박 차다 알거지가 되다.

함박 시키면 바가지 시키고, 바가지 시키면 쪽박 시킨다 윗사람이 아랫사람에게 무슨 일을 시키면 그도 자기의 아랫사람을 불러 일을 시킴을 비겨 이르는 말. 여기에서 함박은 통나무 속을 파내어 큰 바가지같이 만든 함지박을 말하고, 쪽박이란 그보다 작은 바가지를 뜻한다.

무

답답한 속 뚫어주는 천연 소화제

무(청근, 菁根, radish)를 사투리로 '무시'라 한다. 무는 1년 또는 2년생 십자화과 초본인데, 4장의 꽃잎이 가로세로 열십자(十字) 꼴로 배열되었기에 십자화과(十字花科)라 한다. 4~5월에 피는 새하얀 꽃잎은 달걀을 거꾸로 세운 모양이며, 1개의 암술과 6개의 수술이 나고, 가늘고 길쭉한 꼬투리에는 10여 개의 씨알이 가지런히 들었다.

서늘한 기후에서 잘 자라는 무

무꽃

무는 지중해 동부 지역 원산으로 잎은 뿌리에서 뭉쳐나고, 저장근(양분을 저장하는 뿌리)은 둥글고 길며, 끝자락에 쥐꼬리 같은 긴 뿌리 하나와 잔뿌리들이 여럿 난다. 우리나라에선 무를 배추, 고추와 함께 3대 채소로 친다.

무서리(묽은 첫서리) 내릴 무렵이면 밭에서 무를 쑥 뽑아 손톱이나 낫으로 뿌리 겉껍데기를 쓱 벗겨 생으로 꾹꾹 씹어 먹었다. 매운 듯 달착지근한 것이 허기진 배를 달래는 데 으뜸이었고, 먹고 나면 퀴퀴한(구린) 무트림이 진동(냄새 따위가 아주 심하게 남)한다. 무에는 녹말 분해 효소인 디아스타아제(diastase)가 들었으니 이는 아밀라아제(amylase)의 다른 이름이다. 또한 무는 비타민 C·포도당·과당·무기염류(미네랄) 등 각종 영양분이 들어 있어 반찬감으로 으뜸이다. 그래서 언제나 우리 밥상에는 무, 배추 반찬이 오른다.

무에는 보통 퉁퉁한 김장 무와 작은 총각무(알타리무), 뿌리가 잘고 무청이 실한 열무, 뿌리가 야위고 쪽 곧은 단무지 무, 동그란 팽이 모양이면서 자줏빛을 띤 순무가 있다. 무로 만든 음식에는 깍두기·무생채·무밥·무김치·뭇국·무말랭이·동치미 등이 있다.

무를 뽑은 후 푸른 잎줄기(무청)를 잘라 새끼줄에 줄줄이 걸어 말리니 무시래기이고, 배추 같은 푸성귀에서 뜯어낸 겉대는 배추 우거지다. 무청을 갓 잘라 말리기 시작할 무렵에 날씨가 영하로 내려가는 날에는 무 잎줄기가 얼어 질깃해지므로 보온에 조심해야 하고, 잎사귀가 누렇게 변질되므로 직사광선(정면으로 곧게 비치는 빛살)에서 말리지 말 것이며, 반드시 통풍이 잘 되는 그늘에서 말려야 한다. 시래기는 나물·볶음 말고도 해장국 등에 널리 쓰이고, 또한 무씨 싹을 틔워 기른 어린 무순을 샐러드(salad)로 먹는다.

옛날에 먹을 게 없어 늘 배고프던 시절, 긴긴 동지섣달 한겨울밤에 출출하면 장독의 동치미를 들어내 삐뚜름하게 썰어 먹기도 하고, 뒷마당 무 구덩이의 무를 꺼내 삐져(얇게 비스듬하게 자름) 먹곤 했다. 독 속의 홍시나 곶감은 고급 주전부리였고, 재수 좋아 인절미가 있는 날에는 화롯불에 존득존득하게 구워서 집에서 딴 토종꿀에 찍어 먹었지. 그 시절을 용케도 견뎌내고, 여태껏 버티고 있는 것을 보면 굶음에 이골(아주 길이 들어서 몸에 푹 밴 버릇)이 난 기아 유전자 덕택일 듯싶다.

모래밭에서 무 뽑듯 아이를 술술 무탈하게(탈 없이) 잘 낳는 모습을 빗대어 이르는 말.

무 껍질이 두꺼우면 그 겨울이 춥다 / 가을 무 꽁지가 길면 겨울이 춥다 무 뿌리가 길거나 껍질이 두꺼우면 겨울이 추울 것임을 예고(미리 알림)하는 징조(기미)라는 뜻. 이렇듯 생물과 일기와 관련해, 바다 낙지가 개펄에 깊게 들면 겨울이 길고 몹시 추울 전조이고, 까치가 보통 때보다 집을 높게 지으면 그해 여름 홍수가 질 것이며, 민물고기 어름치가 자갈(잔돌)을 여러 층 쌓은 산란탑을 물가에 지으면 역시 비가 많을 조짐이라는 말이 있다.

무 꼬랑지 못 먹을 때 보자 딱딱한 무를 못 베어 먹을 정도로 이가 형편없고, 늙어서 힘 빠질 때 복수(원수를 갚음)하겠다는 말.

무 캐다 들킨 사람 같다 북한어로, 무슨 짓을 남몰래 하다가 들켜서 몹시 무안해함을 빗대어 이르는 말.

무 밑동 같다 도와주는 사람 하나 없이 홀지고 외로운 처지일 때를 빗대어 이르는 말.

무에 바람 들다 무가 얼었다 녹았다 하는 바람에 물기가 빠져 푸석푸석하게 되듯, 다 되어가는 일에 엉뚱한 탈이 생긴 때를 이르는 말.

정월 지난 무에 삼십 넘은 여자 제철이 지나 시세(일정한 시기의 물건값)가 없게 됨을 비꼬아 이르는 말.

담배

질병과 죽음의 상징이 된 풀

담배(연초, 煙草, tobacco)는 가지과의 한해살이풀로 원산지는 남미의 고산 안데스산맥인데 세계적으로 70여 품종이 있다. 가지과에는 담배 말고도 감자·고추·토마토·까마중·구기자가 있고, 이들은 겉으로 보아서는 아주 다른 식물 같아 보이지만 꽃 하나는 서로 닮았다. 이렇게 꽃이란 식물을 분류하는 데 아주 중요한 기준(잣대)이 된다.

담배는 1.5~2미터로 자라고, 잎줄기에는 끈끈한 점액(끈끈한 성질이 있는 액체)을 분비하는 털이 빽빽이 나 있으며, 잎은 어긋나기 하고, 타원형으로 끝이 뾰족하다. 꽃망울은 7~8월에 연붉게 맺히며, 꽃부리는 깔때기 모양으로 끝자락이 5개로 갈라지고, 수술은 5개이다. 열매 하나에 자그마치 작고 동그란 2000~4000개의 짙은 갈색 종자가 들었다. 이 때문에 '담배씨' 하면 아주 작거나 적은 것을 이르는 말이라 했다.

잎을 시래기(무청을 말린 것) 말리듯 응달에 말린 뒤 쫑쫑 썬 담뱃잎에 달달한 맛과 향긋한 냄새를 나게 하는 설탕·글리세린·감초·

코코아·향료 등을 첨가하여 담배를 만든다. 또 담배 맛을 좋게 하려고 세계 여러 곳에서 생산되는 각종 잎담배를 적절히 섞어서 만들기 때문에 잎담배는 국제적으로 활발하게 거래된다.

담배 잎과 꽃

담배와 술은 국세(국가가 부과하여 거두어들이는 세금)에 중요한 몫을 하는 탓에 국가들끼리 경쟁을 한다. 그래서 자기 나라 것을 쓰도록 하기 위해 외국서 들어올 때 담배는 한 보루(줄/포), 술은 한 병꼴로 제한(넘지 못하게 함)한다. 담배 10갑을 한 보루라 부르는데 이는 일본 사람들이 영어 board[bɔːrd, 보-드]를 제대로 발음 못 해 '보루'라 불렀던 탓이다. 우리도 그냥 그렇게 따라 불렀으나, '줄'이나 '포'로 순화(부드럽게 다듬음)했다 한다.

까마중. 담배와 같은 가지과 식물이다.

담배 중독(술이나 마약 따위를 지나치게 복용한 결과, 그것 없이는 견디지 못하는 병적 상태)이 모질게 센 것은 알칼로이드(alkaloid) 물질인 니코틴(nicotine) 때문이고, 니코틴은 담배 세포 속에 3.2~3.5퍼센트가 들었다. 그것 말고도 다른 수백 수천 가지 유해 성분이 들어 있어 폐·간·심장 어디 하나에도 좋지 않고, 게다가 발암물질들이 들어 모든 암의 30퍼센트가 담배 탓이라 한다.

또 담배 연기 속에는 일산화탄소(CO)가 있다. 이것은 적혈구의 헤모글로빈(Hb, hemoglobin)과 친화력(서로 결합하여 어떤 화합물로 되려는 경향)이 산소보다 200배나 크고, 일단 결합하면 쉽게 해리(분리)되지 않아서 결국 산소결핍증을 일으킨다. 그것이 바로 생명을 앗아가는 '연탄가스 중독'이요, '가스 중독'이다.

사실 담배에 든 니코틴은 곤충에게는 아주 강력한 신경독소로 작용한다. 곧 니코틴은 벌레들이 와락와락 달려들지 못하게 하는 자기방어물질인 것이다. 니코틴을 꺼려 담뱃잎을 먹는 벌레가 없고, 먹새 좋은 염소를 빼고는 담배를 뜯는 초식동물이 없다.

곰배팔이 담배 목판 끼듯 무슨 물건을 옆에 꼭 끼고 있는 모양을 빗대어 이르는 말. 여기서 '곰배팔'이란 팔이 꼬부라져 붙어 펴지 못하거나 팔뚝이 없는 사람을 낮잡아 부르는 말이다.

굴뚝 후비다 / 군불 때다 담배 피움을 속되게 이르는 말.

너구리(를) 잡다 닫힌 공간(자리)에서 담배를 많이 태워 연기가 한가득할 때를 비유하여 이르는 말.

담배는 꽁초 맛이 제일 무엇이든지 풍족할 때는 잘 모르나, 부족하거나 없을 때에는 그 참된 맛을 느끼게 된다는 말.

담배씨네 외손자 담배씨처럼 아주 작거나 적은 것을 비꼬아 이르는 말로, 성질이 매우 잘거나 마음이 좁은 사람을 뜻하는 말.

마지막 담배 한 대(막대)는 기생첩(첩)도 안 준다 막대(북한어로, 마지막 남은 담배 한 대)는 남 주기가 아깝다는 말.

번갯불에 담배 붙이겠다 / 번갯불에 콩 볶아 먹겠다 행동이 매우 민첩함(재빠름)을 이르는 말.

술 담배 참아 소 샀더니 그날 밤에 호랑이가 물어 갔다 돈을 모으기만 할 것이 아니라 쓸데는 써야 함을 이르는 말.

잔나비(원숭이) 담배 먹듯 북한어로, 실상도 모르면서 경솔(말이나 행동이 조심성 없이 가벼움)하게 행동하는 경우를 빗대어 이르는 말.

호랑이 담배 먹을(피울) 적 지금과는 형편(상황)이 매우 다른 아주 까마득한 옛날을 이르는 말.

메밀

뜻밖의 구황작물

메밀(교맥, 蕎麥, buckwheat)은 마디풀과의 한해살이풀로 원산지(동식물이 맨 처음 자라난 곳)는 동아시아(한국·중국·일본) 북부로 추정(어림짐작)하며 그런 점에서 한국도 오래전부터 재배하였을 것으로 본다. 지금은 전 세계에서 기르는데 러시아와 중국이 가장 많이 심고, 우리나라는 매년 9000여 톤을 수확(거두어들임)하여 15번째로 많이 심는다.

줄기는 60~90센티미터로 붉은색을 띠고, 속이 비었다. 잎은 원줄기 아래쪽 첫 마디에서 셋째 마디까지는 마주나지만 그 위의 마디들에서는 어긋나고, 심장(염통) 모양으로 끝이 뾰족하다. 7~9월에 작은 꽃이 여러 개 달리고, 수술은 오밀조밀하게 8~9개가 달리며, 암술은 딱 1개다. 꽃 색은 보통 백색(하얀색)인데 때로는 담홍색(엷은 붉은색)을 띠기도 한다. 메밀은 생육기간(생물이 싹이 터서 다 자랄 때까지 거치는 기간)이 짧아 60~80일이면 거뜬히 수확하고, 꽃에는 꿀물이 많아 벌꿀의 밀원(벌이 꿀을 빨아 오는 식물)이 된다. 그래서 남의 뒤를 졸졸 따라다니는 사람을 "메밀 벌 같다"고 하는 것이

리라.

메밀은 뿌리를 깊게 박지 않음에도 가뭄에 센 편이고, 산성인 땅에도 잘 견디며, 비료 성분이 없는 박토(메마른 땅)도 아랑곳 않고 썩 잘 자란다. 예부터 강원도 산골의 굽이진 비탈 밭에 옥수수나 감자를 심었던 것도 같은 이치다. 따라서 보잘것없는 메밀이 쫄쫄 굶는 보릿고개 철에 구황작물(흉년으로 굶주림이 심할 때 곡식이나 채소를 대신해서 먹을 수 있는 야생식물)로 후대(아주 잘 대접함) 받았다.

메밀꽃

또 메밀깍지로 만든 머리 베개는 가벼운 것이 부서지지 않고, 서늘한 바람이 통해 열기를 식히며, 중풍(뇌혈관 장애로 갑자기 넘어져서 구안괘사·반신불수·언어장애 따위의 후유증을 남기는 병)을 없앤다고 하여 이름을 날렸다. 여기서 구안괘사(口眼喎斜)란 입과 눈이 한쪽으로 비틀어지는 병이다.

메밀밭(강원도 봉평)

메밀은 막국수·냉면·묵·만두·부침개·일본 막국수(소바) 등으로 널리 쓰인다. 춘천이 제 2의 고향인 필자로서는 숙명적으로 '춘천 막국수'를 자주 만난다. 강원도는 높은 산이 많아 메밀이 잘 자라므로 수확량도 많고, 질이 좋아 메밀 막국수도 맛나다. 하지만 요샌 공급(제공된 상품의 양)이 수요(사려고 하는 욕구)를 따르지 못해 중국에서 메밀을 사들인다고 한다.

막 걸러 먹는 툽툽한 술을 '막걸리'라 하듯 투박하게(거칠고 세련되지 못하게) 마구 뺀 틀국수라서 '막국수'라 하는데, 김칫국에 말아 먹는 세련되지 못한 강원도 향토 음식이다. 메밀가루를 익반죽(더운 물로 반죽함)하여 국수틀에 눌러 빼고, 끓는 물에 삶아서 냉수에 3~4번 헹구어 사리(삶은 국수를 똥그랗게 포개어 감아놓은 묶음)를 만든다. 사려진(감긴) 국수를 대접에 담고 김칫국을 부은 다음, 그 위에 썬 백김치와 절인 오이를 얹고 깨소금과 고춧가루를 뿌려 먹었다고 한다. 요새 와선 냉면 먹듯 식초, 겨자도 쓰고, 차게 식힌 육수(고기를 삶아낸 물)를 조금 섞어 비벼 먹기도 하는데 필자는 거기에다 설탕을 듬뿍 붓는다.

강원도 평창군 봉평면 일대가 이효석의 단편소설 「메밀꽃 필 무렵」의 주 무대이다. 허 생원이라는 장돌뱅이 영감과 서로 입장이 비슷한 장돌림이 조 선달, 또 동이 등 세 사람이 달밤에 봉평 장에서 대화 장마당까지 걸어가면서 벌이는 하룻밤 이야기다. 하얀 메밀꽃이 한창 피었을 때는 흔히 "소금을 뿌려놓은 듯하다"고 한다.

까마귀가 메밀 마다할까 본디 좋아하는 것을 짐짓 싫다고 거절(물리침)할 때를 비꼬아 하는 말.

메밀도 굴러가다가 서는 모가 있다 어떤 일이든 멈출 때가 있다는 말, 또는 좋게만 대하는 사람도 화를 내는 때가 있음을 빗대어 이르는 말. '모'란 모서리를 가리키는 말이다.

메밀떡 굿에 쌍장구 치랴 좋지도 않은 메밀떡 따위를 가지고 굿을 하면서 웬 놈의 쌍장구(두 장구)를 치겠느냐란 말로, 사정과 형편에 걸맞지 않게 일을 떠벌이면(굉장하게 차리면) 안 된다는 말.

메밀밭에 가서 국수 달라 하겠다 모든 일에는 질서와 차례가 있는 법인데 일의 순서도 모르고 성급하게 덤빔을 비꼬아 하는 말.

메밀이 세 모라도 한 모는 쓴다더니 신통찮은 사람이라도 어느 한때는 긴요하게(매우 중요하게) 쓰인다는 말.

메밀이 있으면 뿌렸으면 좋겠다 잡귀(잡스러운 모든 귀신)를 막기 위해 집 앞에 메밀을 뿌리던 민속(풍습)에서 나온 말로, 왔다 간 사람이 다시는 오지 않았으면 하는 바람을 담은 말.

참깨와 들깨

향도 좋고 쓸모도 많고

참깨(승, 蕂, sesame)는 참깨과의 한해살이풀이고 열대식물로 아프리카 사하라 이남이 원산지일 것으로 여긴다. 미얀마·인도·중국 순으로 많이 재배하고, 인도에서 가장 많이 수출하며, 일본이 최고 수입국이다.

참깨는 무엇보다 뿌리를 곧고 깊게 뻗어 가물(가뭄)에 무척 강하다. 줄기는 곧추서고, 단면(잘라낸 면)이 네모지며, 흰색 털이 빽빽이 난다. 잎은 마주나기 하고, 줄기 윗부분에서는 때때로 어긋나기 하며, 긴 타원형에 끝 부분은 뾰족하다.

꽃은 희거나 자주색(짙은 남빛을 띤 붉은색)으로 꽃부리(꽃잎)는 통 모양으로 끝이 5개로 갈라지며, 1개의 암술머리는 두 갈래로 갈라지고, 수술은 4개이다. 열매는 길이 2~3센티미터 남짓의 원기둥이고, 열매 꼬투리 하나에 어림잡아 80개의 종자가 들었으며, 품종에 따라 흰색·노란색·검은색이고, 그중 검정깨를 흑임자(黑荏子, black sesame)라 부른다.

흑임자는 불로장수(늙지 아니하고 오래 삶)의 귀중 식품으로 여겨 왔고, 하물며 선약(효험이 썩 좋은 약)으로도 취급되었다. 또 참참이(이따금씩) 먹으면 모발(머리카락)이 많아지고, 백발(하얗게 센 머리털)을 예방(미리 막음)한다고 한다. 또한 실제로 참기름(sesame oil)은 노화를 막는 항산화물질·비타민 E 등을 가지고 있다. 그리고 검은깨 강정·죽·두유·떡·가루·소스 등으로도 쓰인다.

참깨 씨앗(깨알, sesame seed)은 길이 3~4밀리미터, 너비 2밀리미터, 두께 약 1밀리미터로, 이렇게 작기 때문에 '깨알 글씨(작은 글씨)', '깨알 재미'(작은 재미), '깨알 웃음'(가볍고 작게 자주 웃는 웃음)이란 말이 있다. 볶은 참깨 빻은 것을 깨소금이라 하는데 '깨소금 맛'이란 남의 불행(불운)을 보고 몹시 고소해함을 이르는 말이다. 깨알엔 지방(기름)이 자그마치 48퍼센트를 차지하며, 탄수화물은 26퍼센트,

참깨 꽃

들깨 꽃

단백질은 17퍼센트, 식이섬유는 1퍼센트이다. 고소한 참기름을 짜고 남은 깻묵은 동물 사료나 비료로 쓴다.

참깨 설명 끝에 들깨 이야기를 덧붙이지 않을 수 없다. 들깨(임자, 荏子, wild sesame)는 꿀풀과의 한해살이풀로 인도나 중국이 원산지이다. 서늘한 기후를 좋아하고 건조에 약한 편이나, 무엇보다 잎에서 나는 독특한 향(냄새)이 입맛을 돋우며, 이탈리아나 프랑스 요리에 많이 사용되는 바질(basil)과 비슷한 냄새를 풍긴다.

들깨는 씨를 얻기 위한 것과 깻잎을 먹기 위한 것이 따로 있다. 들깨로 짠 기름(들기름)은 38~45퍼센트가 지방으로 다른 어느 기름보다 오메가-3 지방산이 많이 들었고, 불포화지방산이 많아 혈중 콜레스테롤을 저하시키며, 항암효과·당뇨병 예방·시력 향상·알레르기질환 예방에 좋다. 또한 들깻잎에는 식이섬유·칼슘·철·나트륨·비타민 A, B_2, C가 많이 들었고, 쌈이나 나물, 장아찌나 김치로도 먹는데, 뭐니 해도 철분(Fe) 부족에 제일이다. 동물의 간이나 지라(비장)가 철분이 많아 빈혈에 좋다면 식물성으로는 깻잎이 으뜸이다.

들기름은 쓸모가 많아 등잔불 기름으로도 썼으며, 예전엔 두꺼운 백지에 들기름을 먹여(결게 하여) 기름 장판지를 만들었고, 요즘은 페인트·니스·인쇄잉크·비누 등의 원료(어떤 물건을 만드는 데 들어가는 재료)로 이용한다. 들깨 가루는 추어탕이나 보신탕에 양념으로 넣어 비린내나 누린내를 없앤다.

기름을 버리고 깨를 줍는다 큰 이익을 내버리고 보잘것없는 작은 이익을 구한다는 말.

깨가 쏟아지다 몹시 아기자기(오순도순)하고 재미가 나다.

들깨가 참깨보고 짧다고 한다 북한어로, 자신의 흉(허물)은 모르고 남의 흉허물만 탓함을 빗댄 말.

물 묻은 바가지에 깨 엉겨 붙듯 깨가 있는 곳에 물 묻은 바가지를 놓았을 때 빈틈없이 깨가 엉겨 붙는다는 뜻으로, 무엇이 다닥다닥 한데 뭉쳐 붙는 모양을 빗대어 이르는 말.

종달새 깨 그루에 올라앉아 통천하(온 천하)를 보는 체한다 북한어로, 하찮은 자리에 오른 자가 하늘 높은 줄 모르고 우쭐댐을 이르는 말.

참깨 들깨 노는데 아주까리(피마자) 못 놀까 남들도 다 하는데 나도 한몫 끼어 보자고 나설 때를 비꼬는 말.

참깨가 기니 짧으니 한다 그만그만한(고만고만한/비슷비슷한) 것들이 굳이 크고 작음이나 잘잘못을 가리려고 하듯이, 볼품없는 자질구레한 말을 하기 좋아하는 사람을 비꼬는 말.

아주까리(피마자)

세상에서 가장 독성이 강한 식물로 기네스북에 올랐다?

피마자(蓖麻子, castor bean)와 아주까리는 둘 다 표준어로 쓴다. 아주까리는 대극과에 속하는 귀화식물(원래 살던 곳에서 다른 지역으로 옮겨 와 잘 적응하여 자라는 식물)로 우리나라에서는 높이 2미터 내외(안팎)로 자라는 한해살이풀(일년초)이지만, 원산지인 인도나 열대 아프리카 지방에서는 10~13미터까지 크는 여러해살이풀(다년초)이다.

잎은 아주 둥글넓적하고 지름이 30센티미터나 된다. 손바닥 모양으로 가장자리가 7~11갈래로 갈라지고, 갈래 조각은 갸름하고 뾰족하며 매끈하다. 줄기는 마디가 있고, 나무처럼 야물게 변하며, 대나무처럼 속이 빈 원통형이다. 표피(겉껍질)에는 밀랍(왁스)이 묻었고, 짙은 보라색이거나 녹색을 띤다.

자웅동주(암수한그루)로 꽃은 8~9월에 연한 노란색으로 핀다. 수꽃은 밑부분에 달리고, 암꽃은 윗부분에 모여 달리며, 열매에는 뺏뺏하고 삐죽삐죽한 굵은 가시 돌기가 난다. 종자(씨)는 얼추(대충) 길이 1센티미터, 폭 0.5센티미터쯤 되는데 모양이 통통하고 길쭉하

아주까리(피마자)

며, 선명한 갈색 무늬에 반질반질하고 매끄러운 윤기가 난다. 종자에는 40~60퍼센트의 지방이 들었고, 종자로 짠 기름(피마자유)은 심한 변비에 먹는 약으로 쓰인다.

종자에는 리신(ricin)이란 맹독성 물질도 들었으니, 아주까리가 세상에서 '가장 독성이 강한 식물'로 기네스북에 오른 이유다. 일정한 양 이상의 리신을 날로 먹으면 몇 시간 안에 열과 구토, 기침 등 독감 증세를 보이면서 결국에는 폐(허파)와 간·신장(콩팥)의 면역체계가 망가져 채 사흘도 안 되어 사망에 이른다.

사람(성인 기준) 치사량(동물을 죽이는 데 드는 약물의 최소량)이 4~8알이라 하고, 독성이 청산가리의 1000배, 코브라 독의 2배가 넘는다고 하지만 기름을 짤 때 씨를 볶는 까닭에 단백질인 리신이 모두 변성되어 독성을 잃게 된다. 사실 밭가에서 소에게 뜯게 해보아도 피마자는 절대로 먹지 않으니 그 까닭을 알 만하다.

가을 서리가 내리기 전, 줄기 꼭대기의 부드럽고 싱그러운 잎을 따서 짚으로 어긋매끼게 엮어 무시래기 말리듯 추녀 밑이나 그늘진 곳에 매달아 둔다. 그리고 음력 정월 보름날이면 으레 잡곡밥과 갖가지 나물 반찬을 먹게 되는데, 이때 기름에 볶거나 쌈으로 먹는 푸짐한 시절 음식의 하나가 바로 피마자잎나물이다.

인도에는 뽕잎 누에가 아닌 아주까리 잎을 먹여 키우는 누에가 있다 한다(일부 우리나라에도 들여다 키움). 아주까리누에(피마잠)는 뽕누에보다 큰 고치를 지을뿐더러 비단보다 질긴 섬유(실)를 얻기에 고대 인도 왕실에서는 이것으로 최고급 외투나 양탄자를 짜서 썼다 한다.

아주까리를 닮은 '작은소참진드기'는 곤충의 한 종인데 '중증열성혈소판감소증후군'을 일으키는 이른바 '살인진드기'라 불린다. 이 진드기의 생활사(한살이)는 알, 유충(애벌레), 성충(어른벌레)으로 성체는 빈대를 닮은 것이 아주 납작하다(암컷은 몸길이 3mm, 수컷은 2.5mm). 그런데 짝짓기를 끝내고 나면 수컷 정액에 든 폭식(한꺼번에 지나치게 많이 먹음) 물질이 암컷으로 하여금 마구 피를 빨도록 한다. 톱니 같은 이빨을 소가죽에 푹 박아 제 몸무게의 수십 배에 이르는 피를 빨아 암컷의 몸피(몸통의 굵기)가 1센티미터 넘게 빵빵하게 부풀어 오른다. 그때의 모양새는 천생 아주까리(씨)를 닮았다!

아주까리 대에 개똥참외 달라붙듯 연약한 과부에게 장성한(어른이 된) 자식이 여럿 있는 경우나, 생활 능력이 통 없는 남자가 제 분에 넘치게 여러 여자를 데리고 사는 경우를 비꼬아 이르는 말. '개똥참외'란 길녘이나 들녘에 저절로 생겨난 참외, 또는 양반과 양민(양반과 천민의 중간 신분인 백성) 여성 사이에서 생긴 아들(서자)이 첩(정식 아내 외에 데리고 사는 여자)을 얻어서 낳은 자식을 낮잡아 이르는 말이다.

진드기가 아주까리 흉보듯 진드기가 저와 모양이 엇비슷한 아주까리를 헐뜯듯이, 보잘것없는 주제에 남을 흉보는 것을 빗댄 말.

진드기와 아주까리 맞부딪친 격 북한어로, 서로 비슷비슷한 것끼리 맞붙어 옥신각신하는 것을 이르는 말. 참고로 '진드기(tick)'는 동물에 기생(더부살이)하고 '진딧물(aphid)'은 식물의 진을 빤다.

상추

'잠 풀'이라 불리는 이유는?

상추(와거, 萵苣, lettuce)는 국화과의 한해살이풀(일년초) 또는 두해살이풀(이년초) 채소다. 우리나라 중부지방 이북에서는 찬 겨울을 이기지 못하고 죽어버리니 일년초이지만, 남부지방에서는 나지(맨땅)에서도 거뜬히 겨울을 이겨내니 두해살이풀이다.

적상추

상추 꽃

상추에는 잎이 여러 겹으로 겹쳐서 둥글게 속이 차는 결구상추와 잎사귀가 오글오글한 적치마상추 같은 잎상추가 있다. 그리고 옛날에는 '상치'가 표준어였으나, 말이란 꾸준히 바뀌는지라('상치'보다 '상추'가 더 많이 쓰인 탓에) 상추가 표준어로 되었다.

상추는 유럽이나 서아시아 원산이고, 잎은 타원 꼴이며, 쪽 곧은 대궁이(줄기) 위로 갈수록 점차 작아진다. 꽃은 6~7월에 노란색으로 피고, 가지 끝에 두상화(꽃대 끝에 작은 꽃이 많이 모여 피어 머리 모양을 이룬 꽃)로 열린다. 열매 끝에는 흰색 털이 붙었으니 이를 관

상추 관모

모(갓털)라 한다. 관모는 낙하산을 쏙 빼닮아(실은 낙하산이 관모를 흉내 낸 것임) 바람 타고 멀리멀리 씨앗을 퍼뜨린다.

상추의 잎·줄기·뿌리는 다치면 하얀 유액(젖빛 즙)을 분비한다. 유액에는 쓴맛 나는 락투세린(lactucerin)과 락투신(lactucin)이라는 물질이 있어 진통과 최면(잠들게 함)에 효과가 있다. 상추를 많이 먹으면 느닷없이 잠이 쏟아진다 하여 서양에서는 흔히 상추를 '잠 풀'이라 한다. 상추는 주로 무침·샐러드·쌈·튀김·샌드위치·겉절이로 먹는데, 아작아작 깨물면 사각사각 식감(음식을 먹을 때 입안에서 느끼는 감각)이 좋다.

수확(익은 농작물을 거두어들임)의 기쁨은 흘린 땀에 정비례(두 양이 서로 같은 비율로 늘어남)한다지. 곱게 이룬 밭고랑에다 성글게(물건 사이가 뜨게) 씨앗을 줄뿌림(줄이 지게 씨를 뿌림) 한다. 파종(씨뿌리기) 후 흙덮기는 하지 않거나 하는 둥 마는 둥 해도 좋은 것이, 상추 씨앗은

상추 씨

햇빛을 어지간히 받아야 기를 쓰고 탐스럽게 발아(싹틈)하는 성질이 있기 때문이다.

밥상에서 정 난다고 했던가. 우리만이 가진 독특한 음식 문화 가운데 푸성귀 잎에 밥을 싸 먹는 쌈 문화가 있으니 그중 하나가 상추쌈이다. 잎에다 밥 한 숟가락을 놓고 양념장을 끼얹어 쑥갓, 세파(실파)를 싸서 목젖이 드러나도록 입을 짝 벌리고, 그들먹하게(그득) 한 입 쑤셔 넣어 입이 째지게 우걱우걱 씹어 먹어야 제맛이 난다.

한편 귤이나 사과에 들어 있는 영양물질이 최소한 400가지가 넘는다고 하듯 상추에 든 영양소도 터무니없이 많고 많아 다 알기는 어렵다. 상추에 든 중요한 영양소 몇 가지만 적는다면, 탄수화물·당·식이섬유·지방·단백질·비타민(A, B_1, B_2, B_5, B_6, B_9, C, E, K)·베타카로틴(beta-carotene)·무기물질(Ca, Fe, Mg, K, Na, P)들이 가득 들었다.

그렇다. 노벨상을 두 번이나 수상한 미국의 생화학자 라이너스 폴링(Linus Pauling) 박사가 "세상의 어떤 비타민 보충제도 시금치를 대신할 수는 없다."고 하였다. 모름지기 음식으로 영양분을 보충할 것이고, 음식마다 성분이 조금씩 다르므로 음식을 골고루 먹을지어다. 음식이 곧 약인 것!

가을 상추는 문 걸어 잠그고 먹는다 가을 상추는 특별히 맛이 좋음을 빗대어 이르는 말.

상추밭에 똥 싼 개는 저 개 저 개 한다 / 삼밭에 한 번 똥 싼 개는 늘 싼 줄 안다 상추밭이나 삼밭에 똥 누다 들킨 개는 얼씬만(눈앞에 잠깐 나타났다 없어짐) 하여도 저 개라며 쫓아낸다는 뜻으로, 한 번 잘못을 저지르다가(죄를 짓거나 잘못 행동하다가) 들키면 늘 의심(믿지 못하는 마음)을 받게 됨을 이르는 말.

파

요리에 널리 쓰는 향신 채소

파(총, 蔥, Welsh onion)는 외떡잎, 백합과의 여러해살이풀이고, 보통 '대파'를 이른다. 중국 서부를 원산지로 추정하고, 우리나라에는 이미 통일신라시대에 들어온 것으로 알려졌다.

파꽃

파의 줄기는 비늘줄기이지만 백합·튤립·수선화처럼 둥그렇게 되지 않고, 그리 굵어지지 않으며, 수염뿌리가 바로 밑에 난다. 비늘줄기 위에 이어진 청록색 잎과 꽃줄기는 속이 텅 비었다. 6~7월에 원기둥꼴의 꽃줄기 끝에 흰색 꽃이 우글우글 달리고, 열매는 3개의 모가 나며, 그 속에 검은 씨앗(종자)이 들었다.

하얀 꽃잎을 따서 손에 거머쥐고 두 손가락으로 꽉 눌러보면 돌연(갑자기) 흰색이 사라지고 만다. 이는 세포 틈새에 들었던 공기가 빠져나가 버린 탓이다. 또 흰 머리칼은 멜라닌색소가 없는 탓도 있지만 털 속이 비어서 거기에 든 공기 방울 때문에 희다고 한다.

뭉뚱그려 말하면 꽃잎이나 모발(머리털)이 하얀 것은 그 속에 든 공기에 빛이 부딪혀 꺾이는 반사(방향을 반대로 꺾는 현상)와 산란(여러 방향으로 흩어지는 현상)과 같은 물리적인 현상 때문이기도 하다는 것이다. '머리가 모시 바구니가 된(백발이 된)' 필자도 가끔 경험하는 일이지만 흰 머리칼이 누르스름해지는 수가 있으니, 이는 모발 안의 공기 방울이 많아지고 커진 탓이다.

대파에는 무기염류(미네랄)나 비타민이 많이 들었고, 특이한 맛과 향취(향기)가 있다. 생식(익히지 않고 날로 먹음)하거나 요리에 널리 쓰고, 뿌리와 비늘줄기를 가래를 없애는 거담제, 기생충을 없애는 구충제, 오줌을 잘 나오게 하는 이뇨제 등으로 썼다. 특히 대사 기능이나 내장 기능을 활성화하고, 심장질환을 예방하며, 눈을 밝게 하고, 감기나 두통을 낫게 하는 것으로 알려졌다. 파의 특유(특별히 갖추고 있음)한 냄새는 마늘에도 들어 있는 알리인(alliin) 물질이다.

다음에 '쪽파(shallot)'와 '양파(onion)' 이야기를 좀 보탠다. 쪽파는 뭐니 뭐니 해도 파전으로 제일이고, 초봄 것이 가장 맛있다 한다. 또한 파김치와 파강회(엄지손가락 정도의 굵기와 길이로 돌돌 감아 초고추장에 찍어 먹는 음식)도 이름나 있다. 데친 파와 길쭉길쭉하게 썬 쇠고기를 간장·참기름·깨소금·후춧가루 따위로 양념하여 꼬챙이에

양파 밭

양파 꽃

꿰고 구운 파산적도 그 맛이 가위(참으로) 일품(제일감)이다.

서양파라는 뜻인 양파(onion)는 엷은 갈색 껍질이 있고, 두꺼운 비늘(줄기)이 층층이 겹쳐 난다. 잎은 줄기 중앙에 솟아나며, 속이 빈 원기둥 모양에 짙은 녹색이다. 우리는 양파의 비늘줄기를 먹으며, 대파와 함께 국물을 내는 데 쓴다.

한편으로 양파 비늘이 벗기고 또 벗겨도 연거푸 나오는 까닭에 알 수 없는 사람의 속마음을 이에 빗대기도 한다. 어느 시인은 양파를 한 꺼풀씩 벗기다 보면 모르는 사이에 눈물이 난다 하여 "인생은 딱히 양파와 같다"고 했다. 흐르는 물에서나 촛불을 켜놓고 벗기면 눈물을 흘리지 않아도 될 것을…….

검은 머리 파뿌리 되도록 / 귀밑머리 파뿌리 될 때까지 검던 머리가 파뿌리처럼 하얗게 셀 때까지 오래오래 복되게 살라는 말.

외손자를 보아주느니 파밭을 매지 / 외손자를 귀애하느니 방앗공이(절굿공이)를 귀애하지 외손자는 아무리 귀애(귀여워하고 사랑함)하여도 애쓴 보람이 없다는 말.

장님(소경) 파밭 들어가듯(매듯) 일을 어림짐작(대강 헤아려 짐작)도 없이 함부로 하여 도리어 어지럽게 만들어놓거나 망쳐버림을 빗대어 이르는 말.

파김치가 되다 몹시 지쳐서 아주 느른하게(맥이 풀리거나 고단하여 몹시 기운이 없게) 됨을 비유하여 이르는 말. 참고로 파김치를 만드는 재료는 '대파'가 아니고 '쪽파'이다.

파밭 밟듯 조심스럽게 발을 옮김을 빗대어 이르는 말.

버섯

숲의 요정! 숲의 청소부!

버섯(이, 耳/茸, mushroom)은 결코 식물이 아니고 진균류이다. 생물 세계를 크게 5계(界, 생물을 분류하는 가장 큰 단위)로 나누니, 핵이 없고 하나의 세포로 된 세균(박테리아) 같은 원핵생물계, 핵이 있으면서 단세포로 된 아메바나 짚신벌레 같은 원생생물계, 버섯·곰팡이·효모(뜸팡이) 같은 엽록소가 없이 균사(팡이실)로 된 진균계, 식물계, 동물계이다.

버섯의 생김새는 죄다 다르지만 보통은 제일 위에 갓이, 그 아래에 자루(대)가 있다. 갓 밑에는 부챗살(아가미) 닮은 주름살이 줄줄이 곱게 짜개져 있고 그 틈에다 포자를 담뿍 담는다. 갓은 둥그스름하여 흙을 밀고 솟구칠 때 쉽게 뚫는다.

한여름 장맛비가 흠씬 내린 뒤 난데없이 길섶 후미진 곳(작년에 났던 그 자리)에 수두룩하게 탐스런(소담스런) 버섯밭을 이룬다. 바투(가까이) 다가가 눈여겨 들여다보면 놀랍게도 '숲의 요정'이란 말이 딱 알맞다는 생각이 들만큼 예쁘다.

버섯은 어느 것이나 오래 머물지 않고 어이없이 한나절 살다가 이내 이울고(스러지고) 말기에 더더욱 아름답고, 오히려 소중하게 보이는 것이리라. 영고성쇠(인생이나 사물의 번성함과 쇠락함이 서로 바뀜)의 무상함(허무함)과 덧없음(퍽 짧은 시간)을 버섯에서 본다.

버섯 갓을 슬쩍 찝쩍여보면 그때마다 담배 연기처럼 뿌옇게 공중에 흩날리는 것이 있는데 그것이 포자(홀씨)이다. 포자는 컴컴하고 눅눅한 곳에서 싹을 틔운다. 이 포자가 가느다란 실 모양의 균사(팡이실)를 뻗고, 접합(한데 닿아 붙음)한 균사가 빽빽하게 모여 덩이를 이룬 것이 버섯으로 어우렁더우렁(어울려) 떼 지어 올라온다.

우리나라에도 식용(먹는)버섯이 많지만 송이·능이·표고를 대표로 친다. 이 중에서 내로라하는 송이는 소나무 뿌리에 기생하고, 능이는 표면이 거칠고 위로 말린 각진 인편(비늘조각)이 가득하며, 표고는 표피(겉껍질)가 거북 등처럼 짜개지고, 참나무·밤나무·떡갈나무 등 죽은 활엽수에 피는데 이것을 길러 따 먹는다.

이것들 말고도 십장생도(오래도록 살고 죽지 않는다는, 해·산·물·돌·구름·소나무·불로초·거북·학·사슴 등 열 가지를 그린 그림)에도 등장하는 불로초(먹으면 늙지 않는다는 풀)인 지초(영지)라는 귀한 약재 버섯이 있다. 영지는 여름철에 참나무나 다른 활엽수 뿌리, 밑동에 숨어난다.

지구상에 나는 1만 4000여 종의 버섯 중에 식용할 수 있는 것은 고작 1800여 가지에 불과하다(지나지 않는다) 하니 그만큼 독버섯이 흔해빠졌다. 아무튼 독버섯에 든 무스카린(muscarine), 무시몰

국수버섯

송이버섯

능이버섯

표고버섯

(mucimol) 등의 독성분은 신경계는 말할 것 없고 간이나 콩팥까지 망가뜨려 놓는다.

무엇보다 버섯은 생태계에서 세균들과 함께 분해자(죽은 생물체나 동물의 배설물 또는 그 분해물을 분해하는 미생물)의 몫을 톡톡히 한다. 배설물이나 시체(주검)를 치우는 것은 주로 세균의 몫이고, 산야의 죽은 풀이나 나무둥치, 삭정이(말라 죽은 나뭇가지)를 썩정이(썩은 물건)로 삭이는(썩히는) 것은 버섯이 도맡아 한다. '삭정이 꺾듯'이란 힘들이지 않고 쉽게 하는 것을 의미하는데 늙은이를 속되게 '늙정이'이라고 한다. 암튼 버섯은 '숲의 청소부'인 셈이다.

못된(못 먹는) 버섯이 삼월부터 난다 좋지 못한 물건이나 되잖은 것들이 오히려 일찍부터 나돌아 다님을 비꼬아 이르는 말.

두엄의 버섯 같다 생겨난 지 얼마 안 되어서 소리 소문 없이 곧 시들어듦을 빗대어 이르는 말.

상투가 국수버섯 솟듯 상투(예전에, 장가든 남자가 머리털을 끌어 올려 정수리 위에 틀어 감아 맨 것)가 더부룩하게 솟아오르는 국수버섯을 쏙 빼닮았다는 뜻으로, 지나치게 우쭐거림(뽐냄)을 빗대어 이르는 말. '국수버섯'은 하얀 식용버섯(먹는 버섯)으로 숲속의 땅 위에서 조금 구부러진 막대 모양으로 여러 개가 다발(묶음)을 이루어 난다.

자식은 두엄 우에 버섯과 한가지다 북한어로, 두엄 우(위)에 난 버섯은 많기는 하지만 볼품없고 쓸모없다는 뜻이며, 단지(다만/오직) 자식이 많은 것이 자랑이 아님을 비꼬아 이르는 말. '두엄'이란 풀, 짚 또는 가축의 배설물(똥, 오줌, 땀 등) 따위를 무더기로 쌓아 썩힌 거름으로 썩으면서 열을 낸다.

삼

섬유식물에서 대마초까지

삼(대마, 大麻, hemp)은 삼과의 한해살이풀이고, 자웅이주(암수딴그루)로 대체로 암그루가 수그루보다 가지가 적고 길며, 그 수가 훨씬 많다. 원줄기는 높이 1~2.5미터로 곧게 자라고, 둔하게 네모지며, 사이에 홈이 지고, 잔털이 있다. 녹색(연두색)의 원줄기 섬유로 삼베를 삼는다(짠다).

중앙아시아가 원산지이고, 한국·중국·일본·러시아·유럽·인도 등지에서 섬유식물로 널리 재배하고 있다. 또한 삼베는 고려 말 문익점이 목화씨를 들여와 무명옷을 지어 입기 전까지 우리 옷감의 주종(여러 가지 가운데 주가 되는 것)을 이루었다.

"나무도 모아 심어야 곧게 자란다."고 삼밭에 삼을 빽빽하게 심는 탓에 줄기는 곧게 자라면서 꼭대기에서만 몇 개의 가지가 나올 뿐이다. 삼도 광합성을 하기 위해 햇빛 한 자락이라도 더 많이 받으려고 하늘 높은 줄 모르고 멀쑥하게 자란다. 겉껍질 안쪽에 있는 긴 섬유를 벗겨 그것으로 삼베를 짜니 이불·저고리 적삼·바지·베갯잇·보자기·수의(송장에 입히는 옷)로 쓰고, 밧줄·그물·모기장·천막·어망

등의 원료로도 쓴다.

삼 잎과 꽃에는 중독성 마취물질이 들어 있으니 바로 대마초(환각제로 쓰는 대마의 이삭이나 잎)다. 꽃이나 잎을 송송 썰어 담배로 말아 피우는 대마초는 망상(헛된 생각)·흥분·주의력 저하를 가져오고 눈이나 운동신경에도 해롭다. 아무튼 삼에 든 여러 화학물질은 모두 다른 곤충이나 동물들로부터 자기 몸을 보호하기 위해 만든 일종의 독물질인 것은 두말할 나위가 없다.

암삼

수삼

필자가 어릴 때만 해도 집집마다 논에 삼을 심어 삼베옷을 해 입었으니 삼에 대해서는 일가견(어떤 문제에 대하여 나름대로 자신을 가짐)이 있다 하겠다. 삼을 시골에서는 '제릅'이라 하여 비쩍 야위고 야리야리한(단단하지 못하고 매우 무른) 몸매를 "제릅대기 같다"고 하였다. 제릅대기란 껍질을 벗긴 겨릅대기(삼대)의 사투리다.

숨이 턱턱 막히게 더운 날, 강가의 커다란 드럼통에다 논에서 벤 삼을 가지런히 쟁여 넣고 삼 찌기를 하니, 소죽 삼듯이 김이 푹푹 나게 익힌다. 여럿이 모여 연신(잇따라 자꾸) 땀을 뻘뻘 흘리며 삼대(삼줄기) 뭉치를 매매 발로 밟아 치댄 다음 겉껍질을 죽죽 벗겨내 표백이 되도록 햇볕 바래기(볕에 쬐어 빛깔을 희게 함)를 한다.

아낙네들이 둘러앉아 이를 사리물고(힘주어 꼭 물고) 삼 껍질을 잘게 쪼개는데, 삼줄 끝자락을 다듬어서 한 올 한 올을 이어가니 말해서 삼삼기다. 하루 종일 보드라운 맨살 허벅지에 삼꺼풀(삼 껍질)을 올려놓고 손바닥으로 삼 머리 올과 꼬리 올을 포개 비벼 꼬아잇기를 하면 허벅지에는 삼 때가 검은 고약 때(끈끈하게 들러붙는 검은 때)처럼 더덕더덕 묻었었지…….

게으른 년이 삼 가래 세고 게으른 놈이 책장 센다 게으른 년이 삼을 찢어 베를 놓다가 얼마나 했는지 헤아려보고, 게으른 놈이 책을 읽다가 얼마나 읽었는지 헤아려본다는 뜻으로, 게으른 사람이 일은 안 하고 빨리 그 일에서 벗어나고만 싶어 함을 비꼬아 이르는 말.

삼꺼풀이 되다 북한어로, 쪄낸 삼대(삼 줄기)에서 벗긴 삼꺼풀(삼 껍질)처럼 맥없이 후줄근하게(아주 힘없이) 늘어짐을 이르는 말.

삼대 들어서듯 쭉 곧고 길쭉한 물건이 빽빽이 모여 선 모양을 빗댄 말.

삼대 베듯 북한어로, 마구잡이로 쓰러 눕히는 모양을 빗댄 말.

삼대 쓰러지듯 태풍에 드러누운 벼논처럼 무더기로 너부시(매우 공손하게 머리를 숙여 절하는 모양) 엎드려 쓰러진(고꾸라진) 모양을 빗댄 말.

삼밭에 쑥대 쑥이 삼밭에 섞여 자라면 삼대처럼 곧아진다는 뜻으로, 좋은 환경에서 자라면 좋은 영향을 받게 된다는 말. 곧 선한(착한) 사람과 사귀면 감화(좋은 영향을 받아 생각이나 감정이 바람직하게 변함)되어 자연히(저절로) 선해짐을 일컫는다. 한자어로는 마중지봉(麻中之蓬)이라 부른다.

삼베 주머니에 성냥 들었다 삼베옷 주머니에 어울리지 않게 성냥이 들었다는 뜻으로, 허술한(낡고 헐어서 보잘것없는) 겉모양과는 달리 속에는 말쑥한(말끔하고 깨끗함) 것이 들었다는 말.

목화

여름에는 시원하고 겨울에는 따뜻하고

경상남도 산청(山淸)에서 태어난 삼우당(三憂堂) 문익점 선생은 고려 공민왕 때의 학자 문신으로 3년간 중국 원나라에 다녀오면서 붓두껍(붓촉에 끼워두는 뚜껑) 속에 목화 씨앗 10개를 감추어 가져왔다. 예나 지금이나 산업스파이(특허나 설계도 등을 빼어서 다른 나라나 회사에 넘기는 자)를 단속했던지라 그랬을 터다.

장인 정천익에게 면화씨를 주어 필자의 고향이기도 한 산청군 단성면 배양마을에 씨를 처음 심게 했으니, 거기가 목화를 처음 심은 곳(면화 시배지)으로 그 자리에 기념관이 들어서 있다. 사실 그 무렵만 해도 삼베는 있었지만 목면으로 짠 솜옷이 없었고, 오직 보들보들한 갈대 이삭의 갓털(관모)을 솜 대신 썼을 따름이다. 갓털이란 씨방의 맨 끝에 붙은 솜털 같은 것으로 꽃받침이 변한 것이며, 버드나무나 민들레 따위의 씨앗에서 볼 수 있다.

목화(木花, cotton)는 아욱과의 한해살이풀로 인도나 파키스탄이 원산지이고, 미영, 무명, 면화로도 불린다. 키가 1~2미터까지 자라고, 잎은 가장자리가 여러 조각으로 갈라진 것이 천생 단풍잎을 닮

목화

았다. 꽃잎이 5장이고, 겹으로 배배 말렸으며, 한 개의 암술과 많은 수술이 있다. 열매는 1.5~2.5센티미터로 끝이 뾰족한 새 부리 모양으로 돋치고, 달걀꼴로 몽글몽글하며, 영글면 꼬투리가 5갈래로 갈라지면서 저절로 하얀 솜이 솜사탕처럼 보송보송 부풀어 나온다. 사실 솜은 씨앗을 둘러싸 돌보고, 씨를 멀리 퍼뜨리는 데 도움을 주고자 만들어진 것이다.

지금 생각하면 민망한 일이나, 설익은 살집 깊은 몰랑몰랑한 다래(목화의 어린 열매)를 걸신들린 것처럼 따 먹기 일쑤였다. 어른들이 그것 먹으면 "문둥이 된다."고 모질게도 겁주고 다그쳤지만 우리는 한사코 귀를 틀어막았지. 초근목피(풀뿌리나 나무껍질)로 애면글면(몹시 힘에 겨운 일을 이루려고 갖은 애를 쓰는 모양) **연명**(목숨을 겨우 이

목화꽃

어 살아감)하던 시절이 라 그런 소리가 귀에 들릴 리 만무하였다.

밭에서 딴 목화솜은 제일 먼저 씨아와 만난다. 씨아란 목화씨를 골라내는 나무틀이다. 한 손으로 씨아손(꼭지 머리)을 잡고 돌리면서 목화를 나무 기둥 두 가락 틈새로 메기면(물리면), 씨는 앞으로 떨어지고 솜은 뒤로 빠져나간다.

목화 섬유(솜)는 주로 무명실·옷감·그물과 이불솜·옷 솜·탈지면으로 쓰이고, 목화씨를 볶아 면실유(목화씨기름)를 짜서 식용유로 먹으며, 짜고 남은 깻묵은 사료(가축 먹이)나 비료로 이용하고, 목화 대궁은 펄프 원료나 땔감으로 썼다.

뭐니 해도 무명옷은 여름에는 시원하고 겨울에는 따뜻한, 매우 뛰어난 옷감인지라 겨울이면 옷 속에도 목화솜을 두둑이 넣어 툭툭하고 따스한 솜바지 저고리를 만들어 입었다. 일언지하에(두말할 나위 없이) 여태 얼어 죽지 않은 것은 목화솜 덕분이었다. 참 고맙습니다, 문익점 선생님!

꽃은 목화가 제일이다 겉모양은 보잘것없어도 쓸모 있는 목화꽃이 꽃 중에서 가장 좋다는 뜻으로, 겉치레보다는 실속(알맹이)이 중요함을 이르는 말.

무명 한 자는 앞을 못 가려도 실 한 발은 앞을 가린다 북한어로, 아무리 보잘것없는 것이라도 용도(쓰임새)에 따라 각각 제 가치(쓸모)가 있다는 말.

물 먹은 솜 몸이 아주 무거울 때를 빗댄 말.

솜에 채어도 발가락이 깨진다 궂은 일이 생기려면 대수롭지 않은 일로도 생길 수 있음을 비유하여 이르는 말.

씨아 등에 아이를 업힌다 일이 매우 바쁘고 급하다는 말.

씨아와 사위는 먹어도 안 먹는다 씨아가 목화를 먹는 것과 사위가 뭔가를 먹는 것은 아깝지 않다는 뜻으로, 대단히 귀하게 여긴다는 말.

울고 먹는 씨아라 씨아가 삐걱삐걱 소리를 내면서 솜을 먹어 목화씨를 골라낸다는 뜻으로, 징징거리면서도 하라는 일을 어쩔 수 없이 다 함을 빗대어 이르는 말.

녹두

병후 회복기 음식으로 으뜸인 까닭은?

녹두(綠豆, mung bean)는 콩과의 한해살이풀로 여문 종자가 녹색인 것이 특징이지만 노란색·녹갈색·흑갈색인 품종도 있다. 녹두 줄기는 실오라기처럼 가늘면서 30~80센티미터로 길게 자라고, 10여 개의 마디가 나면서 잔가지를 많이 친다. 잎은 3개의 심장(염통) 꼴인 소엽(잔잎)으로 된 복엽(겹잎)이다.

꽃은 노란 것이 8월에 피고, 열매는 꼬투리로 맺으며, 꼬투리는 어릴 때는 초록색(녹색)이지만 익으면서 검어지고, 5~6센티미터의 콩꼬투리에 10~15개의 자잘한 녹두 열매가 오종종하게(잘고 둥근 물건들이 한데 빽빽하게) 들었다. 원산지는 인도이고, 한국·중국·인도·동남아시아가 주산지이다.

녹두는 탄수화물이 53퍼센트, 단백질이 25퍼센트이며, 식이섬유·비타민 A, C, E, 엽산과 무기질, 필수아미노산이 풍부하고, 소화가 썩 잘 되는 식품이다. 그래서 예로부터 녹두로 청포묵(녹두묵)·빈대떡(녹두지짐)·떡고물·녹두차·녹두죽·숙주나물 등을 만들어 먹는데, 맛이 팥과 비슷하면서 향미(음식의 향기로운 맛)가 난다.

녹두꽃

녹두 열매

이 가운데 녹두죽은 별미로 매우 훌륭한 건강 음식이다. 특히나 병후 회복기 음식으로 좋아 아직도 시골에서 갓 퇴원한 환자(병자)에게 녹두죽을 쑤어 먹인다. 녹두죽을 쑬 때 녹두껍질을 통째로 넣는데 녹두 껍질이 해열·해독 작용을 하기 때문이란다.

숙주나물은 중국이나 베트남에서 즐겨 먹고, 우리도 날것을 끓는 물에 한소끔 데쳐 참기름·마늘·소금을 넣어 무쳐 먹는다. 녹두를 콩나물처럼 시루에 담고 물을 주어 싹을 틔워 길러 먹기도 하는데 콩과 녹두가 발아(싹틈)하여 여린 나물로 자라면 주성분인 탄수화물과 단백질이 줄어들면서 비타민 A, B, C가 20~30배 늘고, 단백질이 아미노산으로 바뀌는 등 여러 가지 새 영양소가 생겨난다. 그래서 콩, 녹두를 나물로 키워 먹는다.

또한 숙주나물이란 이름엔 속 깊은 내력(까닭)이 있다 한다. 조선 전기의 명신(이름난 훌륭한 신하)인 신숙주(申叔舟)가, 여섯 충신인 성삼문·박팽년·이개·하위지·유성원·유응부가 단종의 복위(다시 그 자리에 오름)를 꾀한다고 고자질하여 세조에게 죽임을 당한다. 그러자 백성들이 신숙주의 절개가 숙주나물처럼 잘 변한다고(쉽게 쉰다고) 그를 미워하여 '숙주나물'이라 부르게 되었다는 설이다.

그리고 "새야, 새야 파랑새야/ 녹두밭에 앉지 마라/ 녹두꽃이 떨어지면/ 청포 장수 울고 간다."는 키가 작아서 '녹두장군'이라 불렸던, 조선 말기 전라도에서 거병(군사를 일으킴)한 동학농민운동의 지도자 전봉준(全琫準)을 노래한 민요이다. 노래에 나오는 '녹두밭'은 전봉준이 이끄는 농민군을, '파랑새'는 농민군의 적인 일본·청나라 군대, '청포 장수'는 동학군이 이기기를 바라는 그때의 민중(일반 국민)들을 가리킨다. 이 노래는 민중이 농민전쟁에 실패한 슬픔을 노래한 것이라 한다.

오뉴월 녹두 깝대기 같다 햇볕에 바짝 말라 살짝만 건드려도 꼬투리가 탁탁 터지면서 배배 꼬이는 녹두 깝대기(껍데기) 같다는 뜻으로, 매우 신경질적이어서 슬쩍 대기만 하여도 발끈(사소한 일에 걸핏하면 왈칵 성을 냄) 쏘아대는 고약한 성미(마음씨)를 빗댄 말. 실제로 녹두 콩꼬투리가 마르면 손대지 않아도 저절로 톡톡 터져 녹두(씨)를 멀리 날린다. 그러기에 공기가 눅눅한 이른 아침나절(아침밥을 먹은 뒤부터 점심밥을 먹기 전까지의 한나절)에 녹두를 딴다. 또 단번(단 한 번)에 모두 익지 않기에 수시로(그때그때) 따야 하니 손이 참 많이 간다.

지랄쟁이 녹두밭 버릇듯 하다 북한어로, 마구 법석을 떨며 분별없이 행동하는 사람이 녹두밭을 버릇듯(마구 파헤치듯이) 한다는 뜻으로 무엇을 마구잡이로 뒤범벅이 되게 헤집어 놓음을 비꼬는 말.

한강이 녹두죽이라도 쪽박이 없어 못 먹겠다 아무리 좋은 물건이 눈앞에 있어도 노력해야 얻는다는 뜻으로, 몹시 게으르고 무심한(무감각한) 사람을 놀림조로 이르는 말. '쪽박'은 작은 바가지를 가리킨다.

피

벼가 있기 전 주식으로 먹던 작물이라고?

필자도 어릴 적에 김매느라 고생깨나 했었는데, 피는 억센 뿌리가 논바닥을 꽉 붙들고 놓지 않아 사람 질리게 하던 섬뜩한 식물이었다. 곡식들은 품종개량을 하여 맥없고 연약하기 짝이 없는 데 비해 잡풀들은 가꾸지 않아도 저절로 자라는 생존력(죽지 않고 끝까지 살아남는 힘)이 더없이 세찬 풀이다.

잡초를 미리미리 이 잡듯 매지 않으면 뿌리(물과 거름) 싸움에서 곡식들이 지는 것은 물론이고 잎줄기가 마구 우거져 햇볕을 몹시 가려서(그늘을 지워) 곡식을 죽여버린다. 실은 사람들이 농사를 짓기 시작하면서 무시무시한 '벌레(곤충)'와 '잡초'와의 목숨 건 싸움이 시작되었다. 다시 말해 사람의 천적(목숨앗이)은 다름 아닌 벌레, 잡풀이기에 농약과 제초제를 만들어 대항하기에 이른 것이다.

제초제는 이로운 곡식은 상하지 않고 감사나운(생김새나 성질이 억세고 사나운) 잡초만 잡는데, 약이 직접 식물에 닿은 부위(자리)만 죽이는 것과 식물 몸체에 흡수되어 잎·줄기·뿌리 대사를 저해(못 하게 해침)하여 전체가 죽게 하는 것이 있다.

살충제는 농작물에 해가 되는 곤충(해충)을 죽이는 일종의 농약이다. 이것은 곤충의 호흡대사를 방해하고, 신경흥분전달을 차단하며, 곤충의 겉껍질이 생성되는 것을 해치고, 날개근을 수축시켜 날지 못하게 하는 등등 여러 방법으로 벌레를 죽인다. 아무리 식품에 남아 있는 잔류농약이 어쩌고저쩌고 해도 제초제와 살충제에 감지덕지할(매우 고맙게 여김) 따름이다. 만일 그것들이 없었다면 잡초와 곤충에게 먹을거리(식량)를 다 빼앗길 뻔하지 않았는가.

피(패, 稗, Japanese millet)는 벼과(화본과)에 속하고, 벼를 그린 듯이 쏙 빼닮은 일년생 초본식물로 인도가 원산지로 추정한다. 예로부터 한국·인도·중국·일본 등지에서는 벼가 있기 전에 주식(끼니에 주로 먹는 음식)이었고, 나중에는 구황작물(흉년 따위로 굶주림이 심

재배 역사가 오래된 피

할 때 쌀, 보리, 밀 따위의 주식물 대신 먹을 수 있는 농작물)로서 많이 재배하였다.

피 줄기는 길차게(알차게 길게) 자라 1미터에 달하고(이르고), 곧추선다. 잎의 길이 30~50센티미터, 너비 2~3센티미터로 가장자리에 잔 톱니가 많고, 꽃은 8~9월에 피며, 수술은 3개, 암술은 1개이다. 자라면서 7~10개의 포기가 벌며(늘며), 여름에 이삭이 나온다. 지름 3밀리미터쯤 되는 둥근 씨앗은 윤기가 반드르르 도는 것이 어둔 갈색이다.

피는 환경 적응력이 커서 벼가 살지 않는 간척지나 염분이 많은 곳에서도, 엔간히 척박한 땅이나 벼가 자라기 힘든 산간지나 냉수가 들어오는 논에서도 재배한다.

보통 피를 한소끔 가볍게 쪄서 절구로 쓿어 먹는데, 단백질과 지방이 많아 영양가가 쌀과 보리에 못지않지만 소화흡수율이 조금 떨어지고, 맛도 쌀과 보리만 못하다. 밥에 섞어 먹거나 가루 내어 떡과 엿을 만들고, 밀가루에 섞어 빵을 만들기도 하며, 된장과 간장, 소주, 맥주 원료로도 쓴다. 또 새 모이로도 쓰는 외에, 짚(벼, 보리, 밀, 조 따위의 이삭을 떨어낸 줄기와 잎)이 부드럽고 칼슘이 많아 겨울에 가축 사료로 좋다 한다.

사흘에 피죽 한 끼도 못 먹은 듯하다 사람이 초췌(여위고 파리함)하여 풀이 죽고 기운이 없어 보임을 빗대어 이르는 말. 삼십 일 동안 아홉 끼니밖에 먹지 못한다는 삼순구식(三旬九食)과 맞먹는 말로 매우 애옥한(가난한) 삶을 살아감을 일컫는다. 여기서 '피죽'이란 요새 같으면 새 모이로나 주는 '피로 쑨 죽'을 이르는데 옛날에는 피를 양식(먹을거리)으로 먹었음을 암시(귀띔)한다.

피 다 잡은 논 없고 도둑 다 잡은 나라 없다 논의 피를 뽑고 또 뽑아도 끝도 한도 없이 나오듯이 나라의 도둑도 기를 쓰고 잡아도 끝없이 생겨난다는 말. 얼마나 피가 무서운가를 짐작케 하는 속담이렷다!

피사리하다 농작물에 섞여 난 검질긴(몹시 끈덕지고 질긴) 피를 뽑는다는 말. 피는 생김새가 벼와 같아서 어릴 적엔 구분하기 어렵지만 자라면서 줄기가 억세게 굵어지고 키도 훨씬 큰 것이 티(눈치나 낌새)가 난다. 아무튼 어릴 때 피사리하지 않으면 벼논이 피 논이 되고 만다.

수수

심한 가뭄에도 살아남는 장치가 있다!

수수는 강냉이(옥수수)처럼 되게(매우) 척박한(기름지지 못한) 땅이나 되우(아주) 건조한 땅을 가리지 않고 열악한(매우 나쁜) 기후를 잘 이겨내는 농작물(논밭에 심어 가꾸는 곡식이나 채소)이다. 용케 심한 가뭄에도 살아남는 장치를 했으니 뿌리가 발달하여 물을 많이 흡수하고, 잎을 또르르 말아버려 증산(식물체 안의 수분이 수증기가 되어 공기 중으로 나감)을 줄일뿐더러 잎줄기에 밀랍(왁스, wax)이 가득 묻어 있어 수분이 날아가는 것을 한껏 줄인다.

수수(고량, 高粱, sorghum)는 외떡잎식물, 화본과(벼과)의 한해살이풀로 북아프리카 원산이며, 열대·아열대·온대 지방에 많이 심는다. 줄기에는 10~13개의 마디가 촘촘히 나 있고, 마디마다 잎사귀가 한 장씩 달린다. 줄기 끝자락에는 커다랗고 푸짐한 이삭이 달리는데, 알코올(alcohol) 농도가 60퍼센트 내외의 중국 특산 소주인 배갈(고량주)의 원료가 된다.

수수는 키가 1.5~3미터나 되는 늘씬한 키다리로 줄기 속심이 꽉 차 여간해서 꺾이거나 쓰러지지 않는다. 길고 넓은 잎은 마주나고,

수수 열매

한 줄기(포기)에 열두서너 개 달린다. 잎은 잎맥이 여럿이 나란히 나는데(나란히맥), 한가운데에는 세로로 지르는 하얀색의 굵은 중간 잎맥이 뚜렷하다. 잎 가장자리에는 곤충들의 침범을 막는 날카로운 거치(톱니)가 잔뜩 나고, 어릴 때는 대궁이(줄기)가 진녹색이지만 자라면서 차츰 붉은색으로 바뀐다.

수수 배젖(씨앗 속에 있어서 싹틀 때 쓰이는 양분을 저장하고 있는 조직)의 녹말 성분에 따라 찰수수와 멧수수로 나뉘니, 찰수수가 붉은색이라면 멧수수는 흰색에 가깝다. 수수 낟알의 길이는 2~3밀리미터, 너비 2밀리미터 정도로 타원형에 가깝다.

필자가 사는 춘천에도 여기저기 밭두렁 언저리에 수수를 심는데, 성장 속도가 무척 빠르다. 금세 수수 이삭이 익어갈라치면 날짐승(참새, 까치)이나 길짐승(들쥐, 청설모)이 마구 달려들기에 쓰다 버린 양파 주머니 아가리를 일일이 둘러씌우더라!

수수깡이란 수숫대의 겉껍질을 벗겨낸 하얀 속심(고갱이)을 이른다. 예전에는 말린 심을 토막토막 동강 내고, 질긴 껍질을 살며시 구부려 요리조리 끼워 맞춘 장난감용 안경·물레방아·다리·집 따위를 만들었다. 요새도 물감 들인 수수깡을 문방구에서 판다.

물론 필자가 어린 시절에는 노리개(장난감)란 것이 숫제 없었다. 봄이면 물오른 버드나무 가지를 꺾어 낫 머리로 고루 톡톡 두드려서 껍질을 비틀어 뽑은 호드기(버들피리)와, 짤막한 밀밭의 밀 줄기를 토막 내어 풀피리를 불었다. 또 여름이면 소 먹이러 가서 찻길(신작로)의 자갈 공기로 공기받기(공기놀이)를 하였고, 가을이면 들판에서 콩서리를 했으며, 겨울이면 대나무를 다듬어서 공중에 높이 날리는 연을 만들어 연날리기를 하였다. 하나같이 자연 속의 푸나무(풀과 나무)가 온통 놀잇거리였다.

집에서는 찰수수 가루를 이겨 둥글넓적하게 펴서 기름에 지진 수수부꾸미를 만들었다. 또 찰수수 가루를 익반죽(가루에 더운 물을 쳐가며 하는 반죽)하여 둥글게 빚어서 끓는 물에 삶아 붉은 팥고물을 묻힌 찰수수 팥떡(경단)을 만들었다. 찰수수와 팥의 붉은색이 액운(나쁜 운수)을 막는다 하여 어린아이가 열 살이 될 때까지 생일에 만들어주었던 수수떡이었다.

세계적으로 수수는 사람 양식으로 쓰고, 수숫대는 동물 사료(먹이)로 이용하며, 이삭 낟알을 털고 난 줄기로는 비(수수 빗자루)를 만든다. 또한 세계적으로 5대 작물의 하나로 쌀·밀·옥수수·보리 다음으로 많이 재배한다고 한다.

수수팥떡 안팎이 없다 불그스름한 수수 가루에 불그레한 팥고물을 켜켜이 얹어 찐 시루떡 수수팥떡은 속과 겉을 가리기가 어렵다는 뜻으로, 안팎의 구별이 없음을 이르는 말.

수숫대도 아래위 마디가 있다 아래위 분간(구별)이 어려운 수수깡조차도 아랫마디와 윗마디가 나뉘어 있다는 뜻으로, 어떤 일이나 상하(윗사람과 아랫사람)가 있고, 질서(차례와 순서)가 있음을 비긴 말.

칠팔월 수수 잎(수숫잎) 꼬이듯 한더위 수수 잎사귀가 쨍쨍 쬐는 뙤약볕에 빼빼 말라비틀어지듯 마음이 배배 비꼬였거나, 심술(남이 잘못되는 것을 좋아하는 마음보)이 사납고 마음이 토라진 사람을 빗대어 이르는 말.

조

강아지풀이 원조라고?

조(속, 粟, foxtail millet)는 외떡잎식물이고, 화본과(벼과)의 한해살이풀로 우리 시골에서는 아직도 조를 서속 또는 서숙이라 부른다. 그리고 조 이삭이 여우 꼬리를 닮았다 하여 'foxtail millet'이라고도 한다. 중국 또는 인도가 원산지이고, 그 원형(본바탕)은 강아지풀로 본다. 다시 말하여 강아지풀(개꼬리풀)이 조의 원조(시조)이다!

어쨌든 센털이 그득 난 영근 강아지풀 이삭 하나를 잘라 손바닥 위에 올려놓고 '오요요, 오요요' 강아지 부르듯 하면서 이삭을 좌우로 흔들면 이삭이 놓인 방향에 따라 앞으로 오기도 하고 멀리 기어가기도 한다. 그러니 강아지풀 이삭은 들판에서 쉽게 얻는 그럴듯한 '자연 장난감'인 셈이다.

조의 줄기는 똥그랗고, 속이 꽉 차며, 키가 어림잡아 1.5미터이다. 잎은 대나무 잎을 닮은 바소(곪은 데를 째는 침으로 양쪽 끝에 날이 있음) 꼴이고, 가장자리에 잔 톱니가 많다. 잎의 맨 아래는 잎집(엽초)으로 싸였는데, 잎집이란 잎자루가 칼집 모양으로 줄기를 싸고 있는 것을 말하고, 이것은 화본과 식물의 특징 가운데 하나이다.

조

꽃이삭 길이는 15~20센티미터 남짓이며, 영글면서 벼 이삭처럼 익을수록 고개를 숙인다. 열매는 2밀리미터의 작은 낟알로 식용(먹을 것으로 씀)하나 깔끄럽고(껄끄럽고) 맛이 떨어지는 편이다. 보통 보리 이삭이 패기(나오기) 전에 보리 고랑 사이에 조(씨)를 뿌리는데, 보리를 수확하고 나면 제대로 햇빛을 받으면서 쑥쑥 자란다.

조는 피와 함께 재배 역사가 아주 오래되었다고 한다. 예부터 인도 남부에선 주식(밥이나 빵과 같이 끼니에 주로 먹는 음식)으로 먹어왔다 하고, 중국에서는 이미 옛날부터 콩·벼·보리·밀과 함께 5곡의 하나로 취급하였다.

워낙 못살아 먹을 것이 태부족(턱없이 모자람)했던 우리나라였다. 그래서 자고로(예로부터 내려오면서) 조를 목숨을 근근부지(겨우겨우

조의 시조인 강아지풀

견디어 나감)하기 위한 구황작물로서 귀하게 여겼고, 한때는 보리 다음으로 많이 재배하던 밭작물이었다. 밥에 노랗고 알찬 좁쌀을 조금씩 섞어 먹는 것 말고도 엿·떡·과자·양조 원료·새 모이로 쓰고, 더구나 조 줄기는 가축 사료나 지붕을 이는 데도 썼다. 조는 씨앗의 찰기에 따라 차조(찰기가 있는 조)와 메조(찰기가 없는 조)로 나뉜다.

시월이 되니 조가 고개를 푹 숙이고 누렇게 익었다. 조 이삭 몇 개를 꺾어 과연 씨앗 몇 개를 달고 있을까 하는 궁금증에 모두 헤아려봤다. 이삭 하나에 놀랍게도 평균하여 6500여 개의 좁쌀이 달렸더라! 씨 하나를 심어 육천오백 배를 불렸다니 참 다산(새끼를 많이 낳음)이로다!!!

조 한 섬 가진 놈이 시겟금 올린다 좁쌀(조를 찧은 쌀)을 불과 한 섬밖에 가지지 못한 자가 시겟금(시장에서 파는 곡식의 시세)을 잔뜩 올려놨다는 뜻으로, 대단치도 않은 인물이 부정적인 영향을 미침을 비꼬아 이르는 말.

좁쌀 썰어 먹을 놈 성질이 아주 꾀죄죄한(지저분하고 궁상스러운) 사람을 이르는 말. 좁쌀은 잘고 좀스러운 사람이나 물건을 빗댄 말로 곧잘(번번이/자주) 쓰인다.

좁쌀 알을 대패질해 먹겠다 북한어로, 몹시 잘고 옹졸한 사람의 행동을 비유하여 이르는 말.

좁쌀 한 섬 두고 흉년 들기를 기다린다 변변하지(흠이 없고 어지간함) 못한 것을 가지고 남이 아쉬운 때를 기회로 삼아 큰 이득을 보려고 한다는 말.

좁쌀만큼 아끼다가 담돌만큼 손해 본다 미리미리 손을 보면(쓰면) 될 것을 그냥 내버려 두었다가 더 큰 손해(밑짐)를 본다는 말. '담돌'이란 담을 쌓는 돌을 말한다.

좁쌀에 뒤웅 판다 좁쌀을 파서 뒤웅박(박을 쪼개지 않고 꼭지 근처에 구멍을 뚫어 속을 파낸 바가지)을 만든다는 뜻으로, 가망(가능성이 있는 희망)이 없는 일을 한다는 말.

진창길에 흘린 좁쌀 줍기 진창길(질퍽질퍽한 길)에서 그 작은 좁쌀을 줍는다는 뜻으로, 찾아내거나 얻어내기가 몹시 힘듦을 이르는 말.

부추

기운을 북돋는 강장 채소

사람도 찰가난(혹독한 가난)에 호된(심한) 고생을 하면서 살아야 사람 향기가 풍긴다고 한다. "꽃향기는 백 리를 가고(화향백리, 花香百里), 술 향은 천 리를 가며(주향천리, 酒香千里), 사람 향기는 만 리 길을 간다(인향만리, 人香萬里)."란 말이 있다. 그러나 어려서부터 너무 찌들게 살아 심성(타고난 마음씨)이 배배 꼬이거나 비틀어진 사람에게서는 사람 냄새가 메마르고, 받기만 하고 베풀 줄 모르는 거지 근성을 가진 무뢰한(성품이 막되어

부추

부추 꽃

예의와 염치를 모르는) 사람이 되기 쉽다.

암튼 사람들이 맵시가 형편없는 야생초나 울퉁불퉁한 못난이 야생 과일을 찾으니 식물도 지극히 어려운 환경에 놓이면 살아남기 위해 세포 속에 특유한 식물화학물질을 만들기 때문이다. 그래서 '초물부추'라거나 '야생 과일' 따위가 건강에 좋다는 것은 일리가 있다 하겠다.

부추(garlic chives)는 외떡잎식물로 백합과에 속하고, 정확치는 않지만 히말라야나 그곳과 가까운 중국 일부를 원산지로 본다. 세계적으로 400여 품종이 있고, 우리나라에도 재배종 말고 산에 나는 '산(山)부추'가 있다.

부추는 누가 뭐래도 강장(혈기가 왕성함) 채소이고, 건강에도 아주

산부추

좋은 것으로 알려졌다. 알다시피 우리나라 사찰(절)에서 특별히 금하는 음식으로 오신채(五辛菜)가 있는데, 마늘·파·부추·달래·무릇 다섯 가지이다. 무릇(홍거)을 빼고는 죄다 톡 쏘는 자극성 냄새가 나는 '파속(屬)'에 든다. 절에서는 양파도 먹지 못하게 하니 그 또한 파속 식물이다. 그리고 오신채의 한자 '辛'은 단지 매운맛을 의미하는 게 아니라 양기(남자 몸 안의 정기)를 왕성하게 하는 기능이 있음을 뜻한다.

이날 이때껏 지방마다 써온 부추의 지방 사투리가 있다. 요새도 경남에서는 소풀, 경북에선 정구지, 전라도에서는 솔, 충청도에서는 졸, 경기도에서는 부추로 각각 다르게 불린다. 이를 하나로 통일하여(묶어) 표준어에 해당하는 우리말 이름(국명, 國名, Korean name)을 정했으니 그것이 '부추'다.

필자도 가풀막(산비탈) 텃밭에 20여 포기를 심어 키우는지라 나름대로 그들의 생태를 꽤나 꿰고 있는 편이다. 수염뿌리가 아주 세게 얽히고, 봄부터 가을까지 주체 못 할 정도로 무럭무럭 길길이 자라므로 자라는 족족 연거푸 베어 먹으며, 그때마다 최대한 흙바닥 가깝게 부추 밑동을 자른다. 뿌리줄기(땅속줄기)를 포기나누기 하거나 씨앗으로 번식하는데, 일단 자리를 잡으면 드세게 뒤엉겨 나므로 3~4년마다 포기가름을 하는 것이 좋다.

잎은 얄팍한 것이 속이 찼고(같은 속의 파나 양파 따위는 속이 빔), 들풀을 닮았으며, 길이 15센티미터에 보통 너비는 3밀리미터로 달짝지근하면서 고유(특유)의 알싸한 냄새를 낸다. 짙은 녹색으로 부드럽고, 끈처럼 생긴 잎 2~8개가 다붓하게(매우 가깝게) 뭉쳐나며, 겨울엔 잎이 모두 죽어버리고 뿌리줄기만 흙속에 남는다.

줄기 끝에 생장점이 있어서 부추의 잎과 꽃대가 자라 나오고, 향기로운 별 모양의 꽃은 벌이나 나비를 끈다. 또 늦여름이면 포기마다 말쑥하게(말끔하고 깨끗하게) 잎보다 훨씬 긴 꽃대가 목을 빼고 길게 치솟고, 끝에 봉싯한(소리 없이 예쁘장하게 조금 입을 벌리고 가볍게 웃는) 꽃송이들이 한가득 피니 암술은 하나이고, 수술과 꽃잎은 각각 6장씩이다.

부추는 비타민의 보고(보물창고)라 할 만큼 비타민 A, C, B_1, B_2가 많이 들었다. 또 자극적인 냄새의 주성분은 황(黃)화합물로 곰팡이나 세균의 번식을 막으며, 한방에서는 잎줄기를 건위·정장·화상에 사용하고, 씨를 피로회복·노화방지·면역력 항진으로 쓴다.

우리가 먹는 부추 요리에는 잡채·무침·부침개·겉절이(샐러드)·김치·장아찌·즙·오이소박이·만두소 따위가 있다. 어디 그뿐일라고. 부추는 보신탕이나 추어탕에도 빠지지 않는다.

부추 같은 양반 연약하기 짝이 없는 사람을 빗대어 이르는 말.

사월 부추는 사촌도 안 준다 / 초물 부추는 사촌도 안 주고 맏사위만 준다 / 초벌 부추는 사위도 안 준다 꽁꽁 언 땅에서 아린 겨울을 보내고 새로 돋는 야들야들한 진초록 맏물(첫물/초벌) 부추는 몸을 보한다(돕는다)는 데서 그만큼 귀함을 이르는 말.

국화

동양의 관상식물로 가장 오랜 역사를 가졌다?

봄 매화는 이른 봄추위를 무릅쓰고 제일 먼저 꽃을 피우고, 여름 난초는 깊은 산중에서 은은한 향기를 멀리멀리 퍼뜨리며, 국화는 늦가을 첫추위를 이겨내며 굳세게 벌고(옆으로 번고), 대나무는 모든 나무가 죄 잎을 떨어뜨리는 세한(한겨울)에도 푸른 잎을 내리(줄곧) 달고 있다. 이 매란국죽(梅蘭菊竹)을 달리 사군자(四君子)라 이르는데, 각각 춘하추동(春夏秋冬) 사계절을 상징한다.

이렇게 식물 특유의 장점을 덕과 학식을 갖춘 군자의 인품에 비유하였으니, 행실이 점잖고 어질며 덕과 학식이 높은 사람의 품성을 지닌 이 식물들에서 배움을 얻으려는 마음은 그지없이 멋지고 훌륭하다 하겠다.

국화(菊花, chrysanthemum)는 국화과의 여러해살이풀로 한국·중국·일본에서 재배하는 관상식물이다. 가장 오랜 역사를 가지며, 야생하는 국화엔 산국(山菊)과 감국(甘菊)이 있다. 국화의 원산지는 중국이라 하나 그 조상은 한국에 자생하는 감국이라는 설도 있다. 원예종 국화는 줄기가 곧고 튼튼한 반면, 야생 국화는 줄기가 가늘어

산국

감국. 산국보다 꽃잎이 길고, 꽃이 1.5배쯤 크다.

서 흔들거리기 십상(십중팔구)이다.

잎은 어긋나고, 줄기는 1미터 정도로 길며, 딱딱하다. 꽃은 머리통 닮은 두상화로 중앙에 아주 작은 꽃들이 빽빽하게 빼죽빼죽 나오니 이를 '관상화(대롱꽃)' 또는 '중심화'라 한다. 그리고 둘레에 아주 크고 혓바닥을 닮은 '설상화(혀꽃)'가 다래다래(많이 매달려 있거나 늘어져 있음) 난다. 관상화는 꽃 속에 수술과 암술이 있는 양성화이지만, 설상화는 암술만 가져서 씨앗을 맺지 못하는 불임꽃이다.

그럼 씨도 맺지 못하는 주제에 왜 '둘레 꽃'을 매달고 있단 말인가? 그렇다! 중심화가 작고 같잖아서 벌 나비가 꽃을 알아보기 힘들기에 커다란 꽃을 매달아서 곤충들에게 알리는 것이다. 국화꽃에는 노란색·흰색·빨간색·보라색이 있고, 품종에 따라 크기나 모양이 다종다양(가짓수나 양식, 모양이 여러 가지로 많음)하다.

'들국화'란 보통 가을철 산야에 일제히 피는 국화과 식물을 통칭하는(통틀어 이르는) 말로, 국화속(屬)·구절초속·쑥부쟁이속·개미취속 식물이 여기에 든다. 하지만 보다 정확히 얘기하자면 들국화란 국화과의 산국과 감국을 일컫는다.

암튼 중국의 국화차와 한국의 국화주가 유명하고, 일본에서는 국화가 황실의 상징이기도 하다. 서구문화가 유입되면서 흰 국화와 검은색 상복(상제가 입는 옷)이 장례식장에 등장했으니 서양에서 흰 국화는 '고결(고상하고 순결함)'과 '엄숙(장엄하고 정숙함)'을, 검정색은 '죽음'을 의미한다고 한다.

조선 후기의 문신(문관의 신하) 이정보(李鼎輔)의 절개와 우국(나라 걱정)을 노래한 시조「국화야 너는 어이」를 고등학교 때 고문(옛글) 시간에 달달 외웠지. "국화야 너는 어이 삼월 동풍(동풍 부는 따듯한 삼월) 다 지내고/ 낙목한천(나뭇잎이 다 떨어진 겨울의 춥고 쓸쓸함)에 네 홀로 피었는고/ 아마도 오상고절(서릿발이 심한 속에서도 굴하지 아니하고 외로이 지키는 절개)은 너뿐인가 하노라."

다음은 미당 서정주의「국화 옆에서」이다. "한 송이의 국화꽃을 피우기 위해/ 봄부터 소쩍새는/ 그렇게 울었나 보다.// 한 송이의 국화꽃을 피우기 위해/ 천둥은 먹구름 속에서/ 또 그렇게 울었나 보다.// 그립고 아쉬움에 가슴 조이던/ 머언 먼 젊음의 뒤안길에서/ 이제는 돌아와 거울 앞에 선/ 내 누님같이 생긴 꽃이여.// 노오란 네 꽃잎이 피려고/ 간밤에 무서리가 저리 내리고/ 내게는 잠도 오지 않았나 보다."

누군가는 이 시를 "하나의 생명체가 탄생하기까지 겪는 고난과 협동의 과정, 생명체의 원숙함을 불교적 인연설을 바탕으로 나타내고 있다."고 그럴듯하게 평하였다.

거적문에 국화 돌쩌귀 제격에 맞지 아니하게 지나치게 치장함을 이르는 말. '거적문'이란 문짝 대신에 짚방석을 친 문을 이르고, '돌쩌귀'란 문짝을 문설주에 달아 여닫는 데 쓰는 두 개의 쇠붙이를 가리킨다.

국화는 서리를 맞아도 꺾이지 않는다 절개(신념, 신의 따위를 굽히지 아니하고 굳게 지키는 태도)나 의지가 매우 강한 사람은 어떤 시련에도 굴하지(뜻을 굽히지) 아니하고 꿋꿋이 이겨낸다는 말.

서리가 내려야 국화의 절개를 안다 절개의 굳셈은 어렵고 힘든 때를 맞이해 봐야 제대로 알 수 있음을 빗댄 말.

짚신에 국화 그리기 이미 근본(밑바탕)이 천한 주제(꼴)에 화려하게 꾸밈은 당치 아니함을 이르는 말.

열무

여름을 대표하는 아삭한 김치 재료

열무(young summer radish)는 십자화과(배추과), 무속의 잎채소(잎을 먹는 채소)로 '여린 무', '어린 무'를 말한다. 열무는 중동의 팔레스타인이 원산지로 모든 채소들이 여름 장마에 흐물흐물 다 녹아내려도 열무는 성성하여(멀쩡하여) 김치를 담가 먹으며, 물냉면이나 비빔밥에도 넣어 먹는다. 열무김치 국물에는 유산균이 그득 들어 시원하고, 또한 알칼리성으로 섬유질이 풍부하며, 비타민 A, C가 많다.

열무

열무는 비교적 기르기 쉽고, 생육기간도 짧다. 봄에는 40일 앞뒤, 제철인 여름에는 25일 전후면 뽑아 먹으므로 1년에 여러 번 심어 먹는다. 잎이 부드럽고, 향미(향과 맛)가 나며, 풋것으로 먹기도 하지만 살짝 데친 다음 참기름을 둘러 볶아 먹기도 한다.

열무는 줄뿌림(줄줄이 씨를 뿌림)하는데, 호미로 밭두렁을 얕게 파서 골을 내어 열무 씨앗을 1~2센티미터 간격(거리)으로 뿌린 다음 흙을 씨알이 안 보일 정도로(씨앗 지름의 1.5배) 덮고 물을 흠뻑 뿌려준다. 봄에는 파종 후 5~6일이면 떡잎이 나오지만 여름엔 2~3일이면 발아(싹틈)한다.

여기에 가을 김장 김치 이야기를 보탠다. 김칫거리는 무배추가 거의 다지만, 지방에 따라서는 열무·부추·양배추·갓·파·고들빼기·씀바귀 등 일흔 가지가 넘는다고 한다. 무를 숭덩숭덩(큼직하고 거칠게) 썰어 채를 치고, 마늘·생강·고춧가루·소금·간장·식초·설탕·조미료 등 갖은양념은 기본이고, 단백질이 발효된 아미노산이 그득한 멸치젓·어리굴젓·새우젓에다 호두·은행·잣 등의 과일류와 생고기인 북어·대구·생태·가자미 따위를 버무려(섞어) 넣는다. 그래서 김치는 누가 말해도 영양소를 고루고루 갖춘, 건강에 제일로 좋은 종합 반찬이다.

이런 김치소를 넣은 김치 포기를 김칫독에 넣고, 김칫돌로 다독다독 꾹꾹 눌러 공기를 빼낸다. 김치 유산균들은 혐기성세균(산소가 있으면 되레 죽는 세균)이기에 공기(산소)를 다 빼버린다. 곧 염분에 잘

배추김치 총각김치

파김치 오이소박이

갓김치 백김치

깍두기 동치미

견디면서도 산소는 싫어하고, 낮은 온도를 좋아하는 유산균들이 김칫독에서 살아남는다.

그런데 어느 김치나 쌀이나 밀가루 풀을 써서 넣으니, 그것은 유산균이 먹고 자랄 양분이 되는 것으로 실험실에서 쓰는 배지(세균, 배양세포 따위를 기르는 데 필요한 영양소가 들어 있는 액체)인 셈이다.

유산균이 번식(붇고 늘어서 많이 퍼짐)하면서 내놓는 유기산이 침을 나오게 하고, 김치의 특유한 맛과 향을 낸다. 처음엔 다른 미생물들은 맥을 못 쓰고 유산균들만 득실득실 판을 치니 말 그대로 유산균 세상이다. 아주 잘 익은 김치에는 유익한 유산균이 99퍼센트요, 다른 세균이나 곰팡이가 조금 들었다고 한다.

옛날엔 김칫독을 응달에 땅을 파고 깊게 묻었다. 그렇게 하면 겨우내 독 속의 온도가 변하지 않고 영하 섭씨 1도 안팎을 유지하며, 그 온도에서 유산균이 잘 산다. 그 사실을 알아차리고 흉내를 낸 것이 한국 고유의 김치냉장고다. 그렇다. 모방(다른 것을 본뜨거나 본받음)은 창조(전에 없던 것을 처음으로 만듦)의 어머니다!

꺼내 먹은 김칫독 같다 북한어로, 텅 비고 아무것도 없는 것이거나 자기 구실(책임)을 다하여 쓸모없게 된 물건이나 사람을 놀림조로 이르는 말.

열무김치 맛도 안 들어서 군내부터 난다 열무김치가 푹 익지도 않았는데 군내부터 난다는 뜻으로, 사람이 장성(자라서 어른이 된)하기도 전에 삐딱하게 엇나가거나 시건방지게 되는 것을 비꼬는 말. 여기서 군내란 본래의 맛이 변하여 나는 좋지 아니한 냄새로 '군둑네'라고도 한다. 군내가 날 정도면 김치가 부패(썩어 문드러짐)하여 신맛을 낸다. 그리고 간장·된장·술·초·김치 따위가 군내가 날라치면 국물 위에 허연 곰팡이막이 끼니 이를 '골마지' 또는 '꼬까지'라 한다.

초김치가 되다 활기나 기세가 약해지다.

파김치가 되다 사람이 몹시 지쳐서 아주 나른하게 되다.

풋고추에 절이김치 겉절이에는 풋고추를 넣는 것이 가장 어울린다는 뜻으로, 서로 몹시 친하여 어울려 다니는 사람들을 이르는 말.

대

나무도 아닌 것이 풀도 아닌 것이

조선 중기 시인인 고산 윤선도(尹善道, 1587~1671년) 선생의 다섯 벗을 읊은 「오우가(五友歌)」는 고등학교 고문(옛글) 시간에 배웠던 빼어난 글로 아직도 소록소록 새롭다.

대나무 숲(전남 순천의 송광사)

내 버디(벗)이 몃치나(몇이냐) 하니 수석(水石, 물과 돌)과 송죽(松竹, 소나무와 대나무)이라 / 동산 달(月) 오르니 긔(그) 더옥(더욱) 반갑고야(반갑구나) / 두어라 이 다삿(다섯)밧긔(밖에) 또 더하야(더하여) 머엇하리(무엇하리)…….

이어서 그 다섯을 차례로 풀어 나가는데, 그중에서 대나무 글은

나모(나무)도 아닌 거시(것이) 플도(풀도) 아닌 거시 / 곳기난(곧기는) 뉘(누가) 시기며(시키며) 속은 어이 뷔연난다(비었는고) / 뎌러코(저러고도) 사시에 프르니(푸르니) 그를 됴하(좋아)하노라.

라 풀이하였다. 시인치고 정녕 생물학자 아닌 사람이 없다더니…….

그렇다. 여기 대나무 글에서, "나모도 아닌 거시 플도 아닌 거시……"라는 구절처럼 대는 참 아리송한 식물이다! 대를 '나무'라고 말하는 까닭은 줄기가 매우 굵고, 딱딱한 데다 키가 크기 때문이다. 그런가 하면 대는 외떡잎식물이라 부름켜(형성층)가 없어 부피 자람(비대생장)을 못 하니 나이테(연륜)가 생기지 않고, 봄 한철 후딱 자라고는 생장을 멈추기에 '풀'이다. 대를 생물학적으로 풀이하면 '외떡잎에다 부름켜가 없는 탓에' 분명 나무(목본)가 아닌 풀(초본)이다.

대(죽, 竹, bamboo)는 벼과 식물로 주로 동남아에 무성하고, 무엇보다 꽃 모양이 벼꽃을 닮았다. 동식물은 유전적으로 가까우면 가

죽순

까울수록 생식기관이 서로 빼닮는 법이니까. 죽순은 대나무 땅속줄기(지하경) 마디에서 돋아나는 대순(대나무 순)이다. 대나무는 아래로 푹 숙인 바지게(발채를 얹은 지게) 꼴의 잎사귀와 텅 빈 속이 겸손과 무욕에 비유되며, 덕을 겸비한 선비의 상징이자 지조와 절개의 본보기로 꼽힌다. 대나무 줄기는 곧게 쭉 뻗고, 마디가 또렷하며, 마디 사이는 통을 이루어 부러지지 않는다.

대나무는 여러 모로 쓰인다. 곰방대·대빗자루·죽통·대젓가락·퉁소·피리·대금·활·대자·주판·대소쿠리·대고리·대바구니·대광주리·죽침·대삿갓·담배통·귀이개·이쑤시개 등등 다 쓰기가 버겁다. 그리고 대통에서 몇 번을 걸렀다는 소주나, 황토로 아가리를 막고 아홉 번을 구워낸 죽염, 또 죽창·죽마·죽부인·죽장·낚싯대·부채·발·화살·담뱃대·거푸집 따위를 만든다.

정월 대보름날 저녁 달맞이 때 불을 질러 태우려고 생소나무 가지 등을 묶어 쌓아올린 무더기를 달집이라 하는데, 한참 불길이 세어지면서 빵빵 대나무 터지는 소리를 내니 말 그대로 폭죽(爆竹)이다. 대나무밭은 방풍(바람막이)은 물론이고 산사태를 막는다.

대꼬챙이로 째는 소리를 한다 날 선 대꼬챙이로 곪은 종기를 딸 때 하도 아파서 큰 소리를 내는 것처럼 유난히 날카로운 소리를 내지르다.

대나무에서 대 난다 모든 일은 원인에 따라서 결과가 생긴다는 말.

대못을 박다 '못을 박다'를 강조하여 이르는 말. '대못'은 대를 깎아서 만든 못이다.

바위에 대못 북한어로, 바위에 대나무 못을 박으려 한다는 뜻으로 도저히 승산(이길 수 있는 가능성)이 없는 짓을 하는 것을 빗대어 이르는 말.

사람이 궁할 때는 대 끝에서도 삼 년을 산다 헤어날 수 없는 궁지(어려운 처지)에 몰리면 한 발 옮길 자리가 없는 대 끝에서조차도 삼 년을 견딘다는 뜻으로, 아무리 어려운 처지에 놓이더라도 사람은 스스로 살아갈 방도(길)를 마련하고 참고 견딘다는 말.

충신이 죽으면 대나무가 난다 충신(충성을 다하는 신하)이 죽은 자리에서 절개(꿋꿋한 태도)를 상징하는 대나무가 돋는다는 말.

우후죽순(雨後竹筍) 비 온 뒤 여기저기서 솟는 죽순이라는 뜻으로, 어떤 일이 한꺼번에 많이 생겨남을 빗대어 이르는 말.

파죽지세(破竹之勢) 대나무를 쪼개는 기세라는 뜻으로, 적을 거침없이 물리치고 쳐들어가는 기세를 이르는 말. 죽세공을 하기 위해 칼을 대고 대통을 내리치면 대는 그대로 아래까지 쩍쩍 소리 내며 쪼개지니, 손써볼 겨를도 없이 순식간(눈을 한 번 깜짝이거나 숨을 한 번 쉴 만한 아주 짧은 동안)에 이루어지는 맹렬한 기세를 의미한다.

나무

목본

은행나무

생화석이라 할 만큼 지구에 오래 버티는 이유가 있었다?

아름드리 은행나무에서 줄곧 샛노란 '은행잎 비'가 우수수 내리는 날에는 영락없이 가을도 사그라진다! 이때 은행잎이 샛노란 것은 카로틴(carotene)의 일종인 엽황소(크산토필, xanthophyll)라는 노란 색소 탓인데, 이 광합성 보조색소는 봄여름엔 짙은 녹색 엽록소에 가려 보이지 않았으나 기온이 뚝 떨어져 엽록소가 파괴되면 슬슬 본체를 드러낸다.

은행나무(銀杏—, ginkgo tree)는 나자식물(겉씨식물)로 은행나무과에 드는 낙엽교목(갈잎큰키나무)이다. 소나무·향나무·소철·전나무 같은 겉씨식물은 잎이 침엽(바늘처럼 가늘고 끝이 뾰족한 잎)이고, 은행나무의 잎은 넓은 부채꼴로 너부죽한(조금 넓고 평평한) 활엽(넓고 큰 잎)이다.

무엇보다 서로 가깝고 비슷한(유사한) 근연종(유연관계가 깊은 종류)이 없는 독특한 식물로 2억 7천만 년 동안 지구 환경 변화(역사)를 훤히 꿰뚫어 봐왔으니, 정녕 지구 역사의 산 증인인 셈이다. 그래서 바퀴벌레만큼이나 끈덕진, 대표적인 생화석(生化石)이다. 중국 원산으로 자생(저절로 나서 자람)하는 것들은 거의 다 절멸하였으며, 현재는 중국 저장성에 오롯이 얼마만 남아 있고 우리 주변의 것들은 모두 사람이 심어 가꾼 것들이다.

은행나무는 중국의 나라나무이자 일본 도쿄(동경)를 상징하는 나무이고, 은행잎은 성균관대학교의 상징이다. 잎은 가지 끝에 3~5개가 묶어나며, 보통 5~10센티미터 길이로 잎맥이 가는 부챗살처럼 방사상으로 뻗는다. 잎 가운데가 얕게 갈라지지만 전연 짜개지지 않는 것과 2개 이상 타지는(갈라지는) 것도 있다.

또 은행잎에는 생약 성분인 '징코 플라본 글리코사이드(ginkgo flavone glycosides)'가 있어 혈액순환을 돕는데, 특히 우리나라 은행잎에 이 성분이 많다 하여 독일 같은 나라에서 많이 들여간다(수입한다)고 한다. 예로부터 절이나 사당 등지에 많이 심었으며, 목재는 결이 곱고 치밀한 데다 탄력이 있어서 가구·조각·바둑판·밥상 등을 만든다.

암(♀)나무와 수(♂)나무가 따로 있는 자웅이주(암수딴그루)로 풍매화(바람 타고 꽃가루가 운반되어 가루받이가 이루어지는 꽃)이다. 목본(나무)식물에는 은행나무 말고도 비자나무·주목·버드나무·뽕나무·산초나무·초피나무·다래 등이 자웅이주(암수딴그루)이고, 초본(풀)식물에는 한삼덩굴·수영·시금치 등이 있다.

은행 꽃은 4월에 피는데, 연둣빛 암꽃은 짧은 가지 끝에 달리며, 암꽃 끝자락에 2개의 밑씨가 있어 두 개 모두가 열매를 맺는다. 노

은행나무 수꽃

란 수꽃은 꽃잎이 없고, 2~6개의 수술이 있으며, 꽃가루는 바람을 타고 멀리까지 퍼진다.

은행 열매는 신선로 등 요리나 과자 재료가 되고, 진해·거담에 약효가 있다 하여 구워 먹기도 하지만, 메틸피리독신이나 아미그달린 같은 독성분이 있어 한번에 많이(10개 이상) 먹지 말아야 한다. 열매는 새도 안 먹으며, 잎 또한 벌레들이 먹지 않을뿐더러 바퀴벌레를 쫓고, 갈피에 끼워 두면 좀이 덤벼들지 못한다고 한다. 지구에 오래 버티는 까닭이 있었군!

은행나무는 독하고 검질긴지라(끈덕지고 질김) 어미 나무가 무슨 일로 죽으면 반드시 밑동 뿌리에서 한 떨기 새순이 새록새록 돋는

은행나무 암꽃

다! 1945년 히로시마에 원자폭탄이 터졌을 때 주변에 은행나무가 여섯 그루 있었는데, 다른 푸나무(풀과 나무)들은 몽땅 그을려 죽었지만 이 은행나무들에선 다시 움이 터 지금껏 자라고 있다 한다.

은행나무의 암수 구별은 수령(나무 나이)이 15년 넘어야 가능했으나 근래에는 DNA를 이용한 성감별법으로 1~2년짜리 묘목도 구별이 쉬워졌다고 한다. 따라서 농가에는 은행 열매가 열리는 암나무를, 길거리에는 열매 악취를 풍기지 않는 수나무를 골라 심을 수 있게 되었다. 과학 덕분에 묘목 은행나무 암수를 가린다! 은행 열매의 악취는 빌로볼(bilobol)·징코톡신(ginkgotoxin, 은행 독소)·징콜릭산(ginkgolic acid, 은행산) 따위가 낸다.

밤나무에서 은행이 열기를 바란다 밤나무에서는 은행이 도저히(아무리 하여도) 열릴 수 없는데 은행이 열기를 바란다는 뜻으로, 불가능한 일을 바라는 경우를 빗대어 이르는 말.

은행나무도 마주 서야 연다 사랑나무인 은행 수나무와 암나무가 가까이에서 서로 바라보고 서야 열매가 열린다는 뜻으로, 사람이 마주 대하여야 더 인연이 깊어진다거나 남녀가 힘을 합쳐야 집안이 번영(번창)한다는 말.

감나무

풋감의 떫은 물을 짜내 옷을 염색한다고?

감나무 열매

감(시, 柹, persimmon)의 원산지는 중국 양쯔강(양자강) 근처로 감나무는 낙엽교목(갈잎큰키나무)에 속한다. 잎은 달걀꼴로 어긋나게 달리고, 둥그런 종(bell) 모양인 꽃잎(꽃부리)은 넷이며, 꽃받침은 3~7갈래로 감이 익어도 떨어지지 않고 열매 밑을 떠받친다.

감나무 꽃

감이 막 달릴 무렵 감꽃과 함께 떨어지는 어린 감을 '감또개'라 한다. 또 풋감이 큰 토란만 해질 무렵에는 '도사리(익지 못한 채로 떨어진 과실)'를 주워 소금물 항아리에 담아 우려먹었는데, 떫은맛을 내는 타닌(tannin)을 삭인 것이다. 옛날에는 풋감(땡감)을 짓이겨 으깬 즙(타닌)으로 옷감에 물을 들이는 물감으로 썼으니, 무명천(무명실로 짠 옷감)에 감물을 들인 옷을 '갈옷'이라 한다.

첫서리가 내릴 즈음이면 감잎도, 감도 뻘겋게 가을옷으로 갈아입는다. 가을 감은 나무에 너무 오래 두지 않고 따서 홍시(연시)를 만들거나 깎아서 곶감을 만든다. 그런데 취기(술기운)가 남은 사람들 입에서 풍기는 술 냄새가 바로 홍시 냄새인데, 우연찮게도 숙취

잡는 데는 홍시가 첫째다. 술을 깨는 데 포도당 주사가 으뜸인 것은 바로 홍시에 포도당이 많이 든 탓이렷다. 요즘은 어린 감잎을 따서 말려 감잎차도 만든다.

또한 조율이시(棗栗梨柹, 대추·밤·배·감 따위의 과실)로 감이나 곶감을 귀히 여겨 제사에도 쓴다. 깎은 감을 대꼬챙이나 싸리 꼬치에 꿰어 바람 잘 통하는 그늘에 뒤룽뒤룽 매달아 말리는데, 이렇게 물감을 깎아서 말린 것이 건시(곶감), 덜 말려 말랑말랑한 것을 반시라 한다. 다시 말하지만 곶감이란 생감을 껍질 벗겨 바싹 말린 것으로 수분이 적은 데다 당도(단맛의 정도)가 높아 오래오래 두어도 썩지 않는다.

곶감은 완전히 건조되면 타닌산화로 떫은맛이 사라지고, 속살이 달콤하게 영글면서 곶감 표면에 흰 분(가루)이 생긴다. 이는 과당과 포도당으로 그 구성비는 1:6이다. 흠이 있어 곶감 깎기에 적합지 않은 감은 얇게 토막 내어 말려서 '감말랭이'를 해 먹는다.

호랑이가 배가 고파서 마을로 내려왔는데 어떤 집에서 아기 우는 소리가 들려 살금살금 다가가 보니 아기 엄마가 내리 울어대는 아이를 달래고 있었다. "울면 호랑이가 와서 잡아 간다." 해도 그치지 않던 아기는 "곶감 줄 테니깐 울지 마라."는 엄마의 말에 단번에 울음을 그쳤다. 그래서 호랑이는 곶감이 자기보다 무서운 건 줄로 알고 도망갔다는 '호랑이와 곶감 이야기'가 있지 않은가.

감 고장의 인심 감나무가 많은 고장에서는 누가 감을 따 먹어도 아무도 말리는 법이 없다는 데서, 매우 순박하고 후한 인심을 빗대어 이르는 말.

감나무 밑에 누워도 삿갓 미사리를 대어라 감나무 밑에 누워서 절로 떨어지는 감을 얻어먹으려 하여도 그것을 받기 위해서는 삿갓 미사리(삿갓 밑에 대어 머리에 쓰게 된 둥근 테두리)를 입에 대고 있어야 한다는 뜻으로, 의당(마땅히) 자기에게 올 기회나 이익이라도 그것을 놓치지 않으려는 노력이 필요하다는 말.

감나무 밑에 누워서 홍시(연시) 입안에 떨어지기를 기다린다(바란다) 아무런 노력도 하지 않으면서 좋은 결과가 이루어지기만 바람을 비꼬아 이르는 말.

건시나 감이나 큰 차이 없이 비슷비슷한 물건이라는 말.

곶감 꼬치에서 곶감 빼(뽑아) 먹듯 애써 알뜰히 모아둔 재산을 조금씩 헐어 써 없앰을 빗대어 이르는 말.

곶감 죽을 먹고 엿목판에 엎어졌다 잇따라 먹을 복이 쏟아지거나 연달아 좋은 수가 생김을 이르는 말.

곶감이 접 반이라도 입이 쓰다 마음에 안 맞아 기분이 좋지 않다. '접'은 채소나 과일 등을 묶어 세는 단위로 한 접은 100개를 이르며, 접 반은 150개가 된다.

우선(당장) 먹기는 곶감이 달다 입에 짝짝 달라붙는 다디단 곶감에는 대장의 수분 흡수를 돕는 타닌이 많아 흠씬 먹고 나면 분명 변비로 고생하지만 허덕허덕 자꾸 먹게 된다는 뜻으로, 앞일은 생각해보지도 않고 좋은 것만 즉시(득달같이) 취하거나(가지거나), 당장 좋은 것에 반하여 나중에 해가 될 것을 모르고 골몰(몰두)하게 됨을 빗대어 이르는 말.

밤나무

벌이 올 수 있는 시간대에만 냄새를 피운다?

그렇다. 군밤(구운 밤) 한 알 먹으면서도 알밤(아람) 한 톨 한 알을 허리 한 번씩 굽혀 주운 것임을 잊지 말지어다. 물 한 방울에 천지의 은혜가 스며 있고, 곡식 한 톨에 만인의 노고(애씀)가 담겨 있다고 했겠다.

밤나무 열매

밤나무 꽃

밤(율, 栗, chestnut)은 참나무과의 낙엽교목(갈잎큰키나무)으로 산기슭이나 밭둑 같은 마른땅을 좋아한다. 밤나무와 참나무는 같은 과에 들어서 서로 워낙 가깝고, 총중(한 떼의 가운데)에 특히 상수리나무는 밤나무를 빼닮았다. 밤나무 잎은 바소(곪은 데를 째는 침) 꼴로 양날의 끝이 뾰족한 의료용 칼과 비슷하고, 잎 둘레에는 날카로운 톱니(거치)가 물결 모양으로 띄엄띄엄 나 있다.

밤나무는 한(같은) 그루에 암수 꽃이 따로 피고, 6월 중순에 개화하는데, 수꽃은 동물 꼬리 모양의 긴 꽃이삭에 여럿이 붙었고, 동그란 암꽃은 그 아래에 2~3개가 매달린다. 밤꽃은 딴 식물들이 다 그렇듯이 아무 때나 냄새를 풍기지 않고 벌이 올 수 있는 시간대에만 냄새를 피운다. 밤꽃 향기는 '스페르민(spermine)'이라는 특별한 물질(성분) 탓으로, 벌은 그 독특한 향을 맡고 멀리서 허위허위(힘에 겨워 힘들어하는 모양) 찾아든다.

밤은 구시월에 익고, 다 자란 밤송이는 지름이 2.5~4센티미터이며, 풋밤은 희지만 점점 짙은 갈색으로 바뀌면서 익는다. 밤송이 하나에 밤톨이 하나인 외톨, 둘인 형제, 셋인 삼 남매가 대부분이지만 많게는 오 남매가 든 것도 있다. 밤이 익을라치면 밤송이가 저절로 벌어 제풀에 떨어진다. 밤은 쓰임새도 가지각색이라 생률(날밤)로 먹을뿐더러 군밤·삶은 밤·죽·이유식·과자·빵·떡·아이스크림 등의 재료로도 쓴다.

한번은 동그스름한 밤송이에 밤 가시가 도통 몇 개나 될까 하는 궁금증에 낱낱이 헤아려본 적이 있다. 밤송이 하나에 평균하여 3500개의 날카로운 가시가 빈틈없이 빼곡히 나 있다. 이 성깔 있는 빽빽하고 뻣뻣한 가시는 송이 속의 밤톨을 보호한다.

제사상에는 과일을 조율이시(대추, 밤, 배, 감) 순서로 놓는다. 야문 겉껍질과 텁텁한 보늬(밤이나 도토리 따위의 속껍질)를 벗기고, 주판알 꼴로 각지게(모나게) 깎은 생밤이 대추 다음에 자리한다. 대추가 다산(아이 또는 새끼를 많이 낳음)을 상징하는 데다 어린 밤은 한참 커서도 밤톨이 썩지 않고 오래오래 뿌리에 붙어 있기에, 제상의 생률에는 모름지기 '조상의 뿌리'를 기억하라는 뜻이 들었다 한다.

깎은 밤 같다 젊은 남자가 말끔하고 단정하게 차려입은 모습을 빗대어 이르는 말.

남의 팔매에 밤 줍는다 / 남의 떡에 설 쇤다 남의 덕택(덕분)으로 거저 이득을 보게 된다는 말. '팔매'란 돌 따위를 멀리 내던지는 것을 말한다.

밤 가시한테 찔려야 밤 맛을 안다 고생스럽게 힘들여봐야 일의 보람을 느낄 수 있다는 말.

밤 소쿠리(항아리)에 생쥐 북한어로, 생쥐가 밤을 까먹느라고 자주 들락거림을 이르는 말.

밤송이채로 먹을 사람 성미가 몹시 급하고 덤비는 사람을 이르는 말.

소 잡은 터전은 없어도 밤 벗긴 자리는 있다 나쁜 일이면 조그마한 것일지라도 잘 드러나게 마련이라는 말.

쪽박에 밤 담아놓은 듯 올망졸망한 모양을 빗대어 이르는 말. '쪽박'이란 작은 바가지를 말한다.

도토리

참나무 무리의 단단한 열매

참나무(진목, 眞木, oak)는 참나무과의 낙엽교목(갈잎큰키나무)으로 '진짜 좋은 나무'라거나 '정말 실하고 알찬 나무'란 뜻을 가진다. 참나무는 어느 한 종(종류)을 지칭하는 것이 아니라, 참나무과의 여러 수종(나무 종류)을 가리키는 명칭이고, 쓰임새가 많은 나무로 모두 도토리라는 견과(단단한 껍데기에 싸여 있는 나무 열매)를 맺는다.

참나무과의 참나무 무리에는 아주 좁게 보아 '참나무 육형제'라 불리는 대표적인 종들이 있다. 내려오는 말로 나무껍질에 깊은 골이 파여 있어 '골 참나무'라 부르던 '굴참나무', 참나무 중에서 잎이 가장 작아 '졸병 참나무'라 부르던 '졸참나무', 가을이 되어도 잎이 나무에 오래 달려 있어 '가을 참나무'라 부르던 '갈참나무', 옛날에 짚신 바닥이 해지면 그 잎을 깔아 신었다고 '신갈나무', 너부죽한 잎사귀로 떡을 싸놓으면 떡이 상하지 않고 오래간다는 '떡갈나무'가 있다. 마지막으로 '상수리나무'에 얽힌 흥미진진한 이야기다.

임진왜란 때 선조 임금이 북으로 피신하는데, 하루는 먹을 게 없어서 임금님 밥상에 도토리묵이 올랐다. 임금은 처음 먹어보는 음

상수리나무 잎과 열매(도토리)

식이지만 시장이 반찬(배가 고프면 반찬이 없어도 밥이 맛있음)이라고 "거참, 부드럽고 고소한 것이 별미로다." 하면서 도토리묵을 자주 찾았다. 전쟁이 끝나고 궁궐에 돌아온 뒤에도 도토리묵을 즐겨 드셨으니 이렇게 임금님 수라상에 자주 오른다고 하여 '상술'이라 불렸고, 이 말이 나중에 '상수리', '상수리나무'로 불리게 되었다고 한다. 아주 그럴듯한 이야기다.

봄 도토리와 받침대 깍정이가 자라서 가을 도토리가 되는데, 깍정이란 도토리 같은 열매의 밑자락을 싸고 있는 잔 모양의 받침을 말한다. 참나무 열매인 도토리는 나무 종류마다 길쭉한 것, 도톰한 것 등 모양과 크기가 달라 분별력 있는 식물분류학자들은 도토리만 보고도 그 참나무의 이름을 척척 댄다.

한 톨 한 톨 허리 휘어빠지게 주운 도토리를 말려 껍데기를 까버리고, 절구통에 넣어 빻아 4~5일간 물에 담가 떫은 타닌(tannin)을 우려낸 다음, 웃물을 따라버리고 바닥에 가라앉은 것을 솥에 넣고 잘 저으면서 달이고 졸인다. 이슥고 도토리 녹말이 끈적끈적 엉기면 이것을 틀에 붓고, 식혀 알맞은 크기로 자른다. 사발에 담긴 묵처럼 형편없이 깨지고 뭉개진 상태를 "묵사발이 됐다."고 하든가……. 도토리묵 중에서는 제일 조그마한 졸참나무 도토리묵이 가장 맛나다 하고 건강식품이라 하여 별미로 치니, 나름대로 반드레한 태깔에 야들야들하고 보드라우며 수더분한 맛이 일품이다.

참나무 재목은 단단하여 술통, 연장 자루로도 쓰며, 연기가 적고 불땀(화력)도 최고로 센 참나무 장작이나 참숯을 굽는 데 쓴다. 죽은 통나무로는 표고버섯을 알차고, 길차게 키운다. 한편 우리나라 토질과 기후는 신갈나무가 자라기에 알맞다고 하니, 이 땅의 온전한 주인 나무는 다름 아닌 신갈나무렷다!

가을에 떨어지는 도토리는 먼저 먹는 것이 임자이다 북한어로, 임자 없는 물건은 누구든 먼저 차지하는 사람의 것이 된다는 말.

개밥에 도토리 개는 도토리를 먹지 아니하기 때문에 밥 속에 있어도 먹지 아니하고 남긴다는 뜻에서, 따돌림을 받아서 여럿의 축에 끼지 못하는 사람을 이르는 말.

도토리 키 재기 고만고만한 사람끼리 서로 다투거나 비슷비슷하여 견주어볼 필요가 없음을 빗대어 이르는 말.

마음이 맞으면 삶은 도토리 한 알 가지고도 시장기를 멈춘다 사이가 좋은 사람끼리는 어떤 힘든 상황에도 별 불평 없이 서로 도우며 잘 지낸다는 말. '시장기'란 배고픈 느낌을 말한다.

장에 가면 수수떡 사 먹을 사람, 도토리묵 사 먹을 사람 따로 있다 사람마다 능력이나 처지, 취미나 요구 따위가 다른 만큼 여러 사람이 모이게 되면 자연히 이런저런 부류로 나누어진다는 말.

참나무에 곁낫걸이 매우 단단한 참나무에다 대고 곁낫질(낫을 옆쪽으로 내리치는 일)을 한다는 뜻으로, 도저히 당해낼 수 없는 대상한테 멋도 모르고 주제넘게 덤벼듦을 빗대어 이르는 말.

칡과 등나무

왼쪽으로 꼬는 칡, 오른쪽으로 꼬는 등나무

우리가 자주 쓰는 말인 갈등(葛藤)은 '칡(葛)과 등나무(藤)'를 가리키는 것으로, 칡과 등나무가 불구대천(이 세상에서 같이 살 수 없을 만큼 큰 원한)으로 화합하지 못하는 것은 이들의 특성(속성)을 알아야 그 뜻이 술술 풀린다.

칡과 등나무는 동아줄 같은 줄기를 한 방향으로만 칭칭 휘감고 올라가는 성질이 있는데, 넝쿨이 물체를 감고 올라가는 방향에 따라 왼쪽감기(좌권)와 오른쪽감기(우권)로 나눈다. 위에서 보아 반시계 방향으로 감고 오르는 왼쪽감기는 칡이 대표이고, 위에서 보아 시계 방향으로 감고 오르는 오른쪽감기는 등나무가 대표이다.

그런데 칡과 등나무를 한 자리에 심어두면 오른쪽감기에 뛰어난 등나무와 왼쪽감기로 이름난 칡이 종잡을 수 없이 서로 반대로 엇갈리게 이리 비틀거나 저리 꼬면서(용틀임) 뒤틀어대어, 쉽게 풀 수 없는 상태를 만드니 이것이 '갈등(葛藤)'이다. 서로 좋은 자리를 차지하겠다고 밀고 당기고, 치솟고 짓누르고, 뒤엉켜 감는 다툼인 갈등을 이 두 식물에서 지켜본다.

칡꽃

칡(갈, 葛, kudzu vine)은 콩과의 다년생 덩굴목본(나무)식물로 줄기는 매년 굵어지고 길어져 이웃 나무를 칭칭 감거나 바위에 기대어 20미터 넘게 뻗는다. 한국, 중국을 포함하는 동아시아 원산으로 우리나라 전역의 양지바른 산기슭에 자란다. 잎은 세 장의 소엽(잔잎)으로 된 복엽(겹잎)이고, 소엽은 털이 많은 것이 마름모꼴이거나 둥글다. 나비꼴인 꽃은 붉은빛이 도는 자주색으로 짙은 향기를 풍기고, 8월에 피며, 꼬투리(깍지) 있는 콩 닮은 열매가 9~10월에 익는다.

칡은 오래전부터 구황작물(흉년 따위로 굶주림이 심할 때 주식물 대신 먹은 농작물)로 죽·묵·국수 따위로 만들어 먹기도 했다. 칡뿌리를 짓찧어 물에 담근 뒤 가라앉은 앙금을 말린 가루를 갈분(칡녹말)이라 하는데, 갈분에 멥쌀가루를 넣고 쑨 죽이 갈분죽이고, 설탕을

등나무 꽃

넣어 끓인 물이 갈탕이며, 칡 떡을 만들거나 녹두가루와 섞어서 칡 국수를 만들어 먹었다. 또 뿌리를 짜서 칡즙을 내거나, 삶아서 칡차로 마셨다.

특히나 갈근은 한방에서 감기·두통·갈증·당뇨병·설사·이질 등의 약재로 썼고, 골다공증을 예방하는 효과가 있으며, 무엇보다 숙취(이튿날까지 깨지 아니하는 술기)를 푸는 데 으뜸이다. 그리고 갈근에는 식물성 에스트로겐(estrogen)이 풍부하여 폐경(여성의 월경이 없어짐) 후에 생기는 여러 증상을 없애주는데 효험(효과)이 있거니와

서양에서도 널리 에스트로겐 대용으로 쓴다고 한다. 더군다나 식물성 에스트로겐이 많이 들었다는 콩의 30배, 석류의 600배나 더 들었다고 한다.

등나무(藤--, Japanese wisteria)는 칡과 마찬가지로 콩과의 낙엽덩굴식물로 10미터에 달하는 줄기는 칡과 반대 방향으로 지주목(버팀목)을 감아 오른다. 잎은 마주나기 하고, 잎자루에 13~19개(홀수)의 타원형 소엽이 달리며, 잎 길이는 4~8센티미터이다. 등나무 잎사귀도 아까시나무 잎을 똑 닮아 가위바위보 하면서 잎 하나씩을 따서 버리는 '잎사귀 따기 놀이'를 한다.

등나무 꽃은 5월경에 연한 자주색으로 피고, 열매는 9월에 익는다. 여름 뙤약볕을 가리는 그늘 막을 만들기 위해 심으니 짙은 향기에 흐드러지게 핀 꽃은 장관이고, 빽빽하게 축축 늘어진 열매(꼬투리)도 볼 만하다. 줄기로는 지팡이나 등의자 따위를 만든다.

벋어가는 칡도 한이 있다 칡이 기세 좋게 내리뻗어 나가지만 그것도 끝이 있다는 뜻으로, 무엇이나 성하는 것은 결국 끝장이 남을 이르는 말.

산돼지는 칡뿌리를 노나 먹고 집돼지는 구정물을 노나 먹는다 북한어로, 돼지와 같이 욕심 많은 짐승도 먹을 것을 나눠 먹는다는 뜻으로 욕심 많은 사람을 비꼬아 이르는 말.

칡덩굴 뻗을 적 같아서는 강계 위연 초산을 다 덮겠다 북한어로, 한여름 칡덩굴이 뻗을 때는 여러 지역을 다 덮을 듯 기세(기운과 세력)가 대단하나 결과는 그다지 시원찮거나 보잘것없는 경우를 빗대어 이르는 말.

소나무

솔방울이 천연 가습기라고?

소나무 숲(경기도 고양)

다음은 「사람과 소나무」란 제목으로, 중학교 2학년 1학기 국어 교과서에 8년간 올랐던 필자의 글이다.

(……) 소나무에는 크게 보아 세 가지가 있다. 소나무는 이파리가 두 개씩 뭉쳐나는 것이 재래종 소나무 적송(육송)이 대부분이다. 다음은 잎이 짧고 거칠며, 세 개씩 뭉쳐난 리기다(rigida)소나무로, 북아메리카 원산인데 병해충에 강하다 하여 일부러 들여와 심은 것이다. 셋째로 이파리가 유달리 푸르고 긴 잣나무인데, 잎 다섯이 한 묶음으로 뭉쳐난다고 오엽송(五葉松)이라 부른다.

(……) 소나무가 많은 만큼 그 용도(쓰임새)도 다양(여러 가지로 많음)하다. 우리 조상들은 삭정이(마른 솔가지)와 늙어 떨어진 솔가리(솔잎)를 긁어다 땔감으로 썼고, 밑둥치는 잘라다 패서(쪼개서) 주로 군불(오로지 방을 덥히려고 아궁이에 때는 불)에 썼다. 솔가리 태우는 냄새는 막(갓) 볶아낸 커피 냄새 같다고 했던가. 그뿐인가. 옹이('굳은살'을 비유적으로 이르는 말) 진 관솔가지(송진이 많이 엉긴 소나무 가지)는 꺾어서 불쏘시개로 썼고, 송홧가루로는 떡을 만들었으며, 속껍질인 송기를 벗겨 말려, 가루 내 떡이나 밥을 지었고 송진을 껌 대신 씹었다.

(……) 무덤을 지키는 나무 또한 소나무가 아닌가. 또 소나무 널빤지로 만든 관이 저승집이다. 바람 소리 스산한 무덤가의 솔잎 흔들림에 해우(근심 걱정을 푸는)의 집이다. 늘 푸름을 자랑하는 소나무에는 조상의 혼백(넋)이 스며 있으면서 소나무는 우리에게 절개(신념, 신의 따위를 굽히지 아니하고 굳게 지키는 꿋꿋한 태도)를 지키라고 가르치고 있다. 또한 어떤 이는 다음과 같이 말하지 않았

던가? "금줄(아이를 낳았을 때 부정한 것의 접근을 막기 위해 문에 건너 질러 매는 새끼줄)에 끼운 솔가지에서(태어나서) 소나무 관 속에 누워 솔밭에 묻히니 은은한 솔바람이 무덤 속의 한을 달래준다."

소나무(송, 松, pine tree)를 솔 또는 솔나무라 한다. 상록교목(늘푸른큰키나무)으로 우리나라 나무 가운데 은행나무 다음으로 크다. 암꽃은 줄기 꼭대기에 달리고, 수꽃은 바로 아래에 붙어 있어 노란 꽃가루(송화, 松花)를 만든다. 우듬지(나무의 꼭대기 줄기)에 있는 적자색(붉은빛을 많이 띤 자주색)의 동그란 암꽃이 올봄에 맺힌 것이고, 한 마디 아래에 있는 덜 익은 퍼런 풋열매가 작년에, 그 아래 마디에 비

소나무 수꽃

늘잎을 쩍 벌리고 있는 마른 솔방울이 재작년에 열린 것이다. 소나무 한 가지에 3대의 솔방울이 줄줄이 달렸다!

소나무 암꽃

추석에 솔잎을 깔아 송편을 찌면 솔잎에 든 파이토알렉신(phytoalexin)이라는 항생물질이 송편의 썩음을 막는다. 얼마나 지혜롭고 과학적이란 말인가. 또한 솔방울이 물을 먹으면 솔방울 비늘(송린, 松鱗)이 닫히고, 마르면 열린다. 이처럼 솔방울이 온도나 습도에 반응하는 특성을 솔방울 효과(pine-cone effect)라 한다. 솔방울로 장식품을 만들기도 하지만, 깨끗이 씻어 물에 오래 담근 솔방울 한 바구니를 방에 놓아두면 품었던 물기를 뿜어대니 천연 가습기가 따로 없다.

솔방울의 자잘한 비늘조각을 낱낱이 헤아려봤더니만 평균하여 100여 개였다! 비늘 사이에는 솔씨가 들었는데 바람이라도 부는 날이면 씨에 붙은 얇은 막 날개를 팔랑거리고, 뱅글거리면서 멀리 날아가 애솔나무(어린 소나무)가 된다.

남산 소나무를 다 주어도 서캐조롱 장사를 하겠다 남산의 소나무를 다 주어도 고작 서캐조롱(여자아이들이 액막이로 차고 다니는 조롱. 남자아이들이 차는 것은 '말조롱'이라고 함) 장사밖에 못 한다는 뜻으로, 소견이 몹시 좁음을 빗대어 이르는 말.

못된 소나무에 솔방울만 많다 못난 것이 번식(새끼치기)만 많이 한다는 말.

물오른 송기 때 벗기듯 물오른 소나무 속껍질을 벗긴다는 뜻으로, 겉에 두르고 있는 의복 따위를 빼앗거나 땟자국을 말끔히 벗김을 빗대어 이르는 말.

배꼽에 노송나무 나거든 사람이 죽은 뒤 무덤 위에 소나무가 나서 늙은 소나무가 된다는 뜻으로, 기약(약속)할 수 없는 경우를 이르는 말.

솔방울이 울거든 소나무에 달린 솔방울이 절대로 울 리 없는 것처럼 도저히 이루어질 수 없는 경우를 이르는 말.

솔잎이 새파라니까 오뉴월로만 여긴다 근심 걱정이 쌓여 있는데 그런 줄은 모르고 사소한(작은) 일에만 열중(몰두)한다는 말.

송충이는 솔잎을 먹어야 한다 자기 분수에 맞게 행동해야 한다는 말.

송무백열(松茂柏悅) 소나무가 무성하니 잣나무가 반긴다는 뜻으로, 친구의 잘됨을 기뻐한다는 말.

뽕나무

오디를 먹으면 방귀가 뽕뽕 잘 나온다?

뽕나무 열매

뽕나무(상, 桑, white mulberry)는 중국 원산(동식물이 처음으로 나고 자라남)으로 뽕나무과에 달린(드는) 낙엽교목(갈잎큰키나무)이다. '동방의 신목(神木)'이라 할 정도로 매우 귀중하게 여긴 나무인데, 열매

뽕나무 수컷

뽕나무 암컷

(오디)를 먹으면 소화가 잘 되어 방귀가 '뽕뽕' 나온다고 '뽕나무'란 이름이 붙었다 한다. "덜덜 떠는 사시나무, 오자마자 가래나무, 산신님께 비자나무, 뽕뽕 방귀 뀌는 뽕나무……."라는 「나무 타령」 민요도 있지 않은가.

뽕나무는 키가 10~20미터에 이르고, 잎은 둘레가 3~5갈래로 갈라지며, 가장자리에 둔한 톱니가 있다. 뽕나무는 잎을 자르거나 찢으면 끈적끈적한 하얀 즙이 나오고, 식나무·은행나무·초피나무·삼·시금치 따위와 같이 암수나무가 따로 있는 자웅이주(암수딴그루)이다.

6월은 새뜻한(새롭고 산뜻한) 오디의 계절이다. 오디는 뽕나무나 산뽕나무 열매로 오돌개라고도 하고, 한자어로는 상실(桑實)이며, 흰색에서 청색으로 바뀌다가 차츰 붉어져 완전히 익으면 자주색이나 흑색으로 변한다. 한편 생물학(발생학)에서 상실을 꾸어다 썼으니, 수정란이 난할(체세포분열)로 할구가 16~32세포시기쯤에는 오디를 퍽 닮았다 하여 상실배기(桑實胚期)라 한다.

오디는 여러 꽃에서 생긴 자잘한 열매가 촘촘히 박혀(뭉쳐) 있어 한 송이가 한 개의 과실처럼 보이니 무화과 따위가 전형적이라 하겠다. 오디 이야기를 하니 소싯적 일이 설핏 눈에 선하다. 동무들과 어울려 뽕나무에 기어오르거나, 발돋움질하여 가지를 휘어잡아 주섬주섬 푸짐하게 따 먹고 나면 손바닥과 입가가 온통 오디 물로 뒤범벅(엉망진창)이 되었다. 제 꼴은 모르고 남 얼굴만 그런 줄 알고, 서로 손가락질하며 깔깔 배꼽을 쥔다.

오디는 여러 가지의 당과 유기산이 옹골지게(꽉 차게) 들어 있어 달콤새큼하고, 날로 먹거나 즙을 내어 먹으며, 오디술은 덜 익은 열매로 담근다. 오디의 여러 색깔은 안토시아닌(anthocyanin)들 탓으로 오디에서 그것을 뽑아낸다.

뽕나무의 잎은 누에 키우기(양잠) 말고도 소여물로 쓰고, 흰머리가 검은 머리 된다 하여 뽕잎차로도 먹는다. 줄기 속껍질을 말린 것은 해열·이뇨·진해 치료제로 썼고, 뿌리는 심한 기침이나 천식에 좋단다. 또 뽕나무에 기생하는 겨우살이나 뽕나무 밑둥치에 피는 상황버섯은 항암제로 쓰인다. 어허! 하나도 버릴 게 없는 뽕나무일세그려!

어디 그뿐일라고. 뽕잎은 당뇨병과 변비를 예방·치료하고, 혈압을 낮추며, 고지혈증과 콜레스테롤을 다스리는 한편 동맥경화를 비롯해 암, 노화를 예방하고, 소변을 잘 나오게 하며, 장속의 나쁜 세균을 줄여준다니 만병통치약이 따로 없다.

뽕나무 어린순은 쌈으로 먹는데, 단백질이 18~40퍼센트나 들어 있어 여느 식물보다 단백질이 많다. 누에가 뽕잎만을 먹고도 단백질 덩어리인 고치를 만드는 것은 우연한 일이 아니다. 또한 『동의보감』 등에는 말린 누에를 빻아 만든 가루가 혈당을 낮춘다고 기록돼 있고, 실제로 누에에서 혈당강하제를 뽑는다고 한다.

뽕나무는 씨나 삽목으로 번식시키지만 새들이 잘 익은 오디를 콕콕 쪼아 먹고는 사방팔방 똥을 싸대니 저절로 널리, 멀리 씨를 퍼뜨린다. 그리고 서울에는 세종 임금 때부터 누에치기를 장려하기 위해 뽕나무밭을 만들어 농민들에게 시범을 보이던 조선 왕가의 '잠실리'가 있었으니, 그 작던 잠실리 마을이 땅값 비싸기로 이름난 지금의 잠실벌로 바뀐 것이야말로 상전벽해가 아니고 뭐겠는가.

뽕도 따고 임도 보고 뽕 따러 가니 누에 먹이를 장만(마련)할 뿐만 아니라 사랑하는 애인도 만난다는 뜻으로, 두 가지 일을 동시에 이룬다는 말.

상전벽해 되어도 비켜설 곳이 있다 뽕나무밭이 푸른 바다가 되더라도 피할 길이 있다는 뜻으로, 아무리 큰 재해(사고)에도 살아날 가망(가능성)은 있음을 비꼬아 이르는 말.

상전벽해(桑田碧海) 뽕나무밭이 변하여 푸른 바다로 된다는 뜻으로, 세상이 몰라보게 변함을 빗댄 말. "상전이 벽해가 되어도 헤어날 길 있고, 하늘이 무너져도 솟아날 구멍 있다."고 한다.

배나무

과육 속 까슬까슬한 돌세포의 정체는?

배나무(이, 梨, pear tree)는 장미과, 배나무속의 낙엽교목(갈잎큰키나무)으로 잎은 난형(달걀 모양)이고, 줄기에 어긋나게 달린다. 배꽃은 백옥(하얀 옥)같이 희고, 꽃받침과 꽃잎은 각각 5장씩이며, 암술은 2~5개, 수술은 여럿이다. 열매는 꽃받침 위에 있는, 꽃자루가 불룩하게 부풀어 오른 꽃턱이 발달해서 생긴다.

배나무 열매

배나무 꽃(배꽃)

배는 탄수화물과 당분(과당 및 설탕)이 10~13퍼센트이고, 사과산(말산)· 타르타르산(주석산)· 시트르산(구연산) 등의 유기산과 비타민B, C· 식이성 섬유·지방 따위가 들어 있다. 날로 먹거나 주스·통조림·잼 등을 만들고, 연육 효소가 들어 있어 고기를 연하게 할 때 갈아 넣기도 한다. 또 감기·기침(해소)·천식·가래 끓음 등에 좋아서 배 속을 파내고 거기에 꿀을 넣어 푹 찐 배숙(이숙)을 만들어 먹는다.

신토불이(身土不二)란 말이 있다. 몸(身)과 땅(土)은 둘이 아니고 하나(不二)라는 뜻으로, 자기가 사는 땅에서 키운 농산물이라야 체질에 잘 맞음을 이르는 말이다. 알다시피 우리 배는 굵은 것이 둥그스름하고, 서걱서걱 물이 많으며, 달짝지근한 데 비해 서양 배는 못 생기고, 작은 것이 동그란 백열전구나 조롱박을 빼닮았다. 일부러 사서 베어 먹어 보니 달지도 않고, 질기며, 딱딱해서 잇자국(이금)도 안 들어간다.

그리고 다른 과수가 다 그렇듯 배의 씨가 자란 돌배나무를 대목(접을 붙일 때 그 바탕이 되는 나무. '접본'이라고도 함)으로 하여 개량종의 가지를 접붙인다. 그런데 재배품종의 씨를 심어보면 감 씨에서는 돌감, 귤 씨에서는 탱자, 배의 씨에서는 돌배가 나온다. 이는 비록 씨방이나 꽃턱이 변한 과육(열매 살)은 돌연변이로 좋게 바뀌었을지언정 씨앗의 본성(유전성, DNA)은 그대로라는 것을 의미한다.

또한 배의 과육과 달리아의 덩이뿌리, 매화나 복숭아의 종자 껍질에는 석세포(石細胞, 돌세포, stone cell)라는 특이한 세포가 가득 들었다. 돌세포는 세포벽이 아주 두껍고 딱딱하게 된 후막세포(세포막이 두꺼운 세포)로 리그닌(lignin), 수베린(suberin), 큐틴(cutin) 등이 많이 들었다. 또 배를 먹어보면 야물면서 이에 꼭꼭 씹히는 것이 있으니 그게 돌세포다. 워낙 야문지라 소화가 되지 않고 그냥 대변(똥)으로 나온다.

치약은 물론 칫솔도 없던 옛날에는 고운 소금을 집게손가락에 찍어서 이를 문질렀는데, 치약에는 고체 광물 가루(연마제)가 들어 있어 이(에나멜)가 잘 닦인다. 쉽게 말해서 배의 돌세포는 소금이나 연마제 알갱이의 역할을 하는 셈이다.

배 먹고 배 속으로 이를 닦는다 / 배 먹고 이 닦기 배를 먹으면 이까지 하얗게 닦아진다는 뜻으로, 한 가지 일에 두 가지 이로움이 있음(일거양득, 一擧兩得)을 이르는 말.

배 썩은 것은 딸을 주고 밤 썩은 것은 며느리 준다 그래도 얼마간(약간) 먹을 수 있는 썩은 배는 딸을 주고 전혀 먹을 것이 없는 썩은 밤은 며느리를 준다는 뜻으로, 며느리보다는 자기가 낳은 딸을 더 아낌을 비꼬아 이르는 말.

배 주고 배 속 빌어먹는다 자기의 배를 남에게 주고 다 먹고 난 그 속을 얻어먹는다는 뜻으로, 자기의 큰 이익은 남에게 주고 거기서 조그만 이익만을 얻음을 놀림조로 이르는 말.

배나무에 배 열리지 감 안 열린다 모든 일은 근본에 따라 그에 걸맞은 결과가 나타난다는 말.

쓴 배(개살구/참외)도 맛 들일 탓 시고 떫은 것도 자꾸 먹어 맛을 들이면 그 맛을 좋아하게 된다는 뜻으로, 정을 붙이면 처음에 나빠 보이던 것도 점차 좋아진다는 말.

오비이락(烏飛梨落) 까마귀 날자 배 떨어진다란 뜻으로, 아무 관계없이 한 일이 공교롭게도 때가 같아 어떤 관계가 있는 것처럼 의심을 받게 됨을 빗대어 이르는 말. 또 일이 잘 안 될 때는 안 좋은 일이 겹친다는 뜻인데, "소금 팔러 가니 이슬비 온다."라거나 "도둑을 맞으려면 개도 안 짖는다." 등과 통하는 말이다.

박달나무

단군신화에 나오는 신성한 나무

박달나무(박달목, 朴達木, birch)는 자작나무과에 속하는 낙엽활엽 교목(갈잎큰키나무)으로 한국이나 일본, 러시아 동부가 원산지일 것으로 추정한다. 키가 35미터로 곧게 자라고, 양지바른 숲속이나 골짜기에 자생하며, 군락(떼를 지어 자라는 식물 집단)을 이룬다.

잎자루는 짧고, 잎은 4~8센티미터이며, 달걀 모양으로 어긋나기 하고, 뒷면은 조금 희며, 기름점(유점)이 있고, 잎맥에 잔털이 잔뜩 난다. 어린 가지의 흑갈색 수피(나무껍질)에는 피목(나무의 줄기에 만들어진 공기의 통로가 되는 짜개진 조직. '껍질눈'이라고도 함)이 가득 났으니 다른 부위보다 약간 부푼 것이 옆으로 째졌다. 고목이 되면 껍질이 밝은 회색이 되면서 종잇장처럼 너덜너덜 벗겨져 떨어진다.

박달나무 원줄기 안쪽에는 붉은빛이 도는 넓은 심(고갱이)과 짙은 갈색의 심이 차례로 둘러 나고, 한가운데에는 옅은 갈색의 작은 속심이 있다. 박달나무는 무늬가 아름다울 뿐 아니라 치밀(아주 곱고 촘촘함)하고 단단하여 홍두깨·다듬잇방망이는 물론이고 참빗·곤봉·절굿공이·수레바퀴·농기구·가구 따위를 만드는 데도 쓴다.

흰 옷을 즐겨 입었던 백의민족인 우리나라 옷감 손질법이다. 홍두깨(길이 70cm, 지름 3~4cm 정도의 박달나무 같은 단단한 나무를 가운데가 약간 굵고 양 끝으로 가면서 가늘게 깎은 것으로 표면을 곱게 다듬은 길고 굵은 몽둥이)에 푸새한(풀 먹인) 옷감이나 홑이불 같은 것을 감아 묵직한 쑥돌(화강암)이나 대리석으로 만든 평평한 다듬잇돌 위에 올려놓고 다듬잇방망이(옷감을 두들겨 다듬는 데에 쓰는 나무 방망이로 홍두깨보다 작고 두 개가 짝이 됨)로 토닥토닥 힘껏 두드려 반드럽게(반들반들하게) 구김살을 편다.

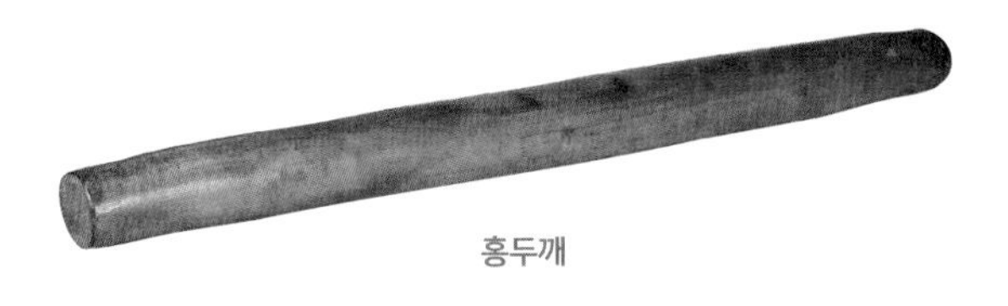
홍두깨

다듬잇방망이는 단단한 박달나무·느티나무·대추나무 등으로 만들고, 가운데가 두두룩하게끔 깎아 만드는데 손잡이 자리는 잡은 손이 헐거워 선뜻 미끄러지지 않게 불거진 턱을 만든다. 게다가 혼자, 또는 둘이 마주앉아 양손에 방망이를 들고 율동적으로(주기적으로) 두들기면서 홍두깨를 빙빙 돌려 고루고루 구김새를 편다.

야문 다듬잇돌과 딱딱한 다듬잇방망이가 부딪쳐 내는 똑딱똑딱 하는 특유의 소리가 귀가 멍멍할 정도인 다듬이질 소리였다. 지금도 옆 동네 개 짖는 소리와 함께 도닥거리는 울림이 귀에 쟁쟁하다. 그래도 괴괴한(쓸쓸한 느낌이 들 정도로 아주 고요한) 밤, 저 멀리서 들려오는 다듬이질 소리에는 그럴싸한 겨울밤의 시골 정서(감정)가 고스란히 담겨 있었다.

우리 민족이 예로부터 신성시한 박달나무

그래서 예부터 세 가지 기쁜 소리를 삼희성(三喜聲)이라 했으니 첫째로 갓난아이 우는 소리, 둘째로 아이들 책 읽는 소리, 셋째로 아녀자들의 다듬이질 소리를 꼽았다. 안타깝게도 이제 뒤의 둘은 스마트폰 소리나 세탁기 돌아가는 소리로 갈음됐고, 갓난아이가 앙앙 울어젖히는 소리도 듣기 어려워지는 와중(소용돌이)에 있지 않은가!

우리는 예로부터 박달나무를 신성시(신성한 것으로 여김)하였고, 건국신화에도 단군이 처음 신단수 아래에 찬란한 고조선을 열었다고 하는데, 그 신단수가 바로 박달나무이고 단군(檀君)의 '檀'자도 박달나무라는 뜻이다.

자작나무

한편 자작나무는 박달나무와 같은 과(科), 속(屬)으로 나무껍질이 하�고, 윤이 나며, 다 자라면 역시 종잇장처럼 얇게 벗겨진다. 그리고 좀도 먹지 않기에 해인사 팔만대장경 경판을 자작나무로 만들었다 한다. 또한 자작나무에는 다당류인 자일란(xylan)이 매우 푸짐하게 들어 있기에 그것을 우려내 '자작나무 설탕'이라고도 부르는, 천연 감미료 자일리톨(xylitol)을 만든다. 우리가 씹는 검에 설탕 대신 넣는 그것 말이다.

가는 방망이 오는 홍두깨 남을 해치려고 하다가 도리어 제가 더 큰 화를 입게 됨을 이르는 말.

딱딱하기는 삼 년 묵은 물박달나무 같다 무척 융통성이 없고 되게 옹고집인 사람을 빗대어 이르는 말. 물박달나무는 박달나무와 아주 비슷해 보이지만 키가 6~20미터로 박달나무보다 작고, 수피(나무껍질)가 회백색인 데 반해 박달나무는 흑갈색이거나 회갈색이다.

바늘만큼 시작된 싸움이 홍두깨만큼 커진다 처음에는 하찮은 일로 옥신각신하던 다툼이 차츰 커져서 큰 싸움으로 변하다.

박달나무도 좀 슨다 매우 단단한 박달나무에도 좀(벌레)이 슬(생길) 수 있다는 뜻으로, 똑똑한 사람도 실수를 하거나 평상시 건강하던 사람도 아플 수 있다는 말.

박달나무에 싸리나무 돋아날 수 없다 북한어로, 건실(건강)한 부모에게서 연약(무르고 약함)한 자식이 태어날 수 없음을 이르는 말.

반드럽기는 삼 년 묵은 물박달나무 방망이 오랫동안 다루느라 손때가 묻어 반들반들하게 된 박달나무 방망이처럼 뺀질뺀질 말 안 듣고 요리조리 피하기만 하는 몹시 약삭빠른 사람을 빗댄 말.

방망이(망치)로 맞고 홍두깨로 때린다 자기가 받은 것보다 더 센 앙갚음을 한다는 말.

아닌(어두운) 밤중에 홍두깨 (내밀듯) 별안간 엉뚱한 말이나 짓(행동)을 함을 이르는 말.

젊은이 망령은 홍두깨로 고치고 늙은이 망령은 곰국으로 고친다 노망든(늙거나 정신이 흐려서 말이나 행동이 정상을 벗어남) 노인들은 그저 잘 위해드려야 하고, 노망기 있는 젊은이들은 엄하게 다스려야 함을 빗대어 이르는 말.

홍두깨 같은 자랑 남에게 내놓고 말할 만한 자랑을 빗대어 이르는 말.

홍두깨가 뻗치다 / 홍두깨가 치밀다 무척 화가 나 배알(속마음)이 곤두선다(거꾸로 꼿꼿이 서다)는 말.

홍두깨에 꽃이 핀다 뜻밖에 좋은 일이 생기는 것을 이르는 말.

개살구나무

봄을 알리는 토종 나무

개살구(야향, 野杏, wild apricot)는 살구보다 맛이 덜한 야생 살구를 말한다. 개살구나무는 장미과의 낙엽활엽교목으로 산기슭 양지쪽에서 잘 자라고, 키가 8~12미터이다. 잎은 둥그스름한 것이 어긋나기 하고, 길이 5~9센티미터, 폭 4~8센티미터이며, 둘레(가장자리)에 작은 톱니(식물의 잎이나 꽃잎 가장자리에 있는, 톱니처럼 깔쭉깔쭉하게 베어져 들어간 자국. '거치'라고도 함)가 난다.

개살구나무 꽃

흔히 단어(낱말) 앞에 '개' 자가 붙으면 '야생 상태의' 또는 '질이 떨어지는', '흡사하지만 다른'의 뜻을 더하는데, 생물 이름에 붙은 '개(개머루)' 자는 '뱀(뱀딸기)' 자와 함께 흔히 못생기고, 맛이 없으며, 먹지 못하는 것을 일컫는 경우가 많다. 개살구 꽃은 연붉은색 또는 하얀색으로 4~5월에 잎보다 먼저 피고, 꽃잎은 둥근 것이 길이가 10~12밀리미터 정도이다. 열매는 달걀 모양이면서 시고 떫은 맛이 나고, 7~8월에 한껏 노랗게 무르익는다. 열매에 든 씨는 하나로, 딱딱한 돌 같은 껍데기로 싸인 핵과(核果)이다. 덜 익은 열매는 떫으니 이것이 씨가 덜 여물어 다른 동물들에게 먹히지 않으려는 것이라면, 농익어 노래지면서 단맛이 나는 것은 짐승들에게 먹히어 씨를 퍼뜨리고자 하는 심사(마음)이다.

설명을 보태면 동물들은 겉의 달콤한 과육은 먹지만 안에 든 딱딱한 종자(살구씨)는 먹지 못하고 뱉어버리니 이렇게 씨를 사방팔방 널리, 멀리 퍼뜨린다. 열매는 생식(날로 먹음)하거나 말려 먹고, 잼이나 주스를 만들기도 하며, 종자는 한방에서 기침·천식·기관지염·급성폐렴·인후염·종기 등의 약재로 쓴다.

다음은 개살구의 사촌격인(서로 종이 다름) 살구나무 이야기다. 살구나무(행, 杏, apricot)는 역시 장미과에 속하는 낙엽활엽교목으로 꽃은 잎이 나기 전 4월경에 먼저 피고, 꽃 색깔은 연붉다. 꽃받침과 꽃잎은 각각 5개씩이고, 수술은 많지만 암술은 1개이다. 나무 높이는 5미터 정도로 땅딸막한 편이고, 나무껍질은 붉은빛이 나며, 잎은 6~8센티미터의 넓은 타원형으로 가장자리에 불규칙한(고르지 못한) 톱니가 난다.

살구는 7월에 황색 또는 황적색으로 익고, 맛이 시큼하면서 달착지근하다. 열매는 복숭아를 닮았지만 보다 작고, 매끈하지만 보드

살구나무 꽃(살구꽃)

살구나무 열매

란 짧은 털이 많이 나며, 과육은 상당히 야문 편이고, 씨는 단단한 핵과이다. 열매는 둥근 것이 지름 3센티미터쯤으로 열매의 90퍼센트 남짓이 과육이다. 당분이 주성분이고, 구연산(시트르산, citric acid)·사과산 등의 유기산이 1~2퍼센트 들었으며, 무기질 중 칼륨이 가장 많이 들었다. 보통 날로 먹지만 익은 열매를 따서 씨를 빼고 햇볕에 말려 먹고, 잼·통조림·음료 등을 만든다. 또한 종자에서 짠 살구기름은 값비싼 미용 자료가 되고, 살구씨 가루는 각질(굳은 피부)제거제로 쓰인다.

살구나무와 관련한 고사를 보면, 옛날 중국 후한의 재상인 조조가 살구나무를 뜰에 심어두고 소중하게 가꾸고 있었다. 그런데 어찌된 일인지 연일(매일) 살구 열매가 줄어들었다. 그래서 머슴들을 모두 모아놓고 "이 맛없는 개살구나무를 모두 베어버려라."고 하였다. 그랬더니 한 머슴이 불쑥 "이 살구는 맛이 참 좋은데 너무 아깝습니다."라고 말하였다. 이에 조조는 살구 훔친 도둑을 잡을 수 있었다고 한다. 고집 세우는 사람과 꾀부리는 사람을 경계(타일러 주의함)하는 속담으로 "항우는 고집으로 망하고 조조는 꾀로 망한다."고 하는데, 그 머리 좋은 꾀보 조조를 어찌 둔한 머슴 놈이 당해낼 수 있었겠는가?

개살구 먹은 뒷맛 씁쓸하고 떨떠름한 뒷맛(남는 느낌)을 이르는 말.

개살구 지레 터진다 맛없는 개살구가 참살구보다 지레(먼저) 익어 터진다는 뜻으로, 되지 못한 사람이 오히려 잘난 체하며 뽐내거나 남보다 먼저 나섬을 이르는 말.

개살구도 맛 들일 탓 시고 떫은 개살구도 자꾸 먹을 버릇하여 맛을 들이면 그 맛을 좋아하게 된다는 뜻으로, 언제 어디서나 정을 붙이면 처음에 어색하던(자연스럽지 않던) 것도 점점 편안해진다는 말.

빛 좋은 개살구 겉보기에는 먹음직스러운 빛깔을 띠고 있지만 맛없는 개살구라는 뜻으로, 겉만 그럴듯하고 실속(알속)이 없는 경우를 빗대어 이르는 말.

산살구나무에 배꽃이 피랴 산살구나무('개살구나무'의 북한어)에 배꽃이 필 수 없다는 뜻으로, 근본이 나쁜 데에서 훌륭하고 더 좋은 것이 나올 것을 바랄 수 없다는 말.

처갓집 세배는 살구꽃 피어서 간다 처갓집에 가는 정월 세배 인사(정초에 웃어른께 인사로 하는 절)는 느지막이 간다는 말.

대추나무

대추가 풍요와 다산을 의미한다고?

대추나무(대조, 大棗, date)는 키가 10~15미터에 이르고, 늘씬하게 꼿꼿이 자라는 낙엽교목(갈잎큰키나무)이다. 잎은 길이 2~7센티미터, 너비 1~3센티미터이고, 빳빳하고 윤기(반질반질하고 매끄러운 기운)가 나며, 둥그스름한 것이 끝이 뾰족하고, 3개의 도드라진 잎맥이 있다.

대추나무 열매

대추나무 꽃

황록색인 꽃은 5밀리미터 정도로 작지만 과일(과실)은 길이가 1.5~3센티미터로 새알 모양이고, 속에 딱딱한 씨가 들었다. 풋과일은 사과 맛이 나고, 진초록이던 것이 반들반들하고 싱그러운 적갈색으로 익으면서 단맛을 낸다. 영근 대추가 색이 붉다 하여 홍조(紅棗), 맛이 달아 목밀(木蜜)이라 한다. 여문 대추는 날로 먹거나 꼬들꼬들하게 말려 채(야채나 과일 따위를 가늘고 길쭉하게 잘게 썲) 썰어서 떡이나 약밥(찹쌀을 물에 불리어 시루에 찐 뒤에 꿀 또는 흑설탕·참기름·대추·진간장·밤·황밤 따위를 넣고 다시 시루에 찐 밥. '약식'이라고도 함)에 쓴다.

대추(열매)는 달착지근한 당분 말고도 시금한(시큼한) 감칠맛 나는 유기산(구연산·능금산·주석산 등)이 담뿍(가득) 들었고, 또 비타민 B군과 비타민 C는 사과나 복숭아의 백 배 정도가 들었다. 대추는 여러 약으로도 쓰이는데 천식·아토피·항암·노화방지·불면증·위장병·빈혈·전신쇠약 등에 효능(효험)이 있다 한다.

재목이 단단하여 떡메, 달구지의 재료로 쓰였고, 태평소(날라리)·

바둑판·염주·바이올린을 만든다. 또 불에 그을린 '벼락 맞은 대추나무'는 단단하기가 돌보다 더할뿐더러 사악(간사하고 악함)한 귀신을 쫓고, 불행을 막아주며, 상서로운(복되고 길한) 기운이 힘을 가진다 하여 도장·목걸이 따위를 만든다. 그런 나무가 귀할뿐더러 재질(목재가 가지는 성질)이 매우 치밀(아주 곱고 촘촘함)한 탓이다.

대추나무 열매는 간짓대(대나무로 된 긴 장대)로 탁탁 털어서 딴다. 대추는 풍요(흠뻑 많아서 넉넉함)와 다산(아이를 많이 낳음)의 의미가 함축되어(담겨) 있어 제사에 꼭 쓰이고, 다산을 비는 상징물로서 폐백(신부가 처음으로 시부모를 뵐 때 큰절을 하고 올리는 물건이나 그런 일) 때 시부모가 밤이나 대추를 며느리의 치마폭에 던져주는 것도 그 때문이다.

또한 가수(나무 시집보내기)라 하여 음력 정월 초하룻날에 도끼머리로 나무를 꽝꽝 두드리거나 대추나무의 두 원가지 사이(가장귀)에 큰 돌을 끼워 둔다. 그렇게 하면 과일이 많이 열린다 하니, 이는 식물도 혼인을 하여야 열매를 잘 맺는다는 믿음에서 비롯된 것이다.

그리고 제사상에 과일을 올리는 순서(차례)가 있으니, 대추·밤·배·감(조율이시, 棗栗梨柿) 순으로 대추가 제일 상석(윗자리)에 자리한다. 장석주 시인은 「대추 한 알」이란 시에서, "저게 저절로 붉어질 리는 없다/ 저 안에 태풍 몇 개/ 저 안에 천둥 몇 개/ 저 안에 벼락 몇 개"라 읊고 있다.

남의 제상(제사상)에 감 놔라 대추(배) 놔라 한다 자기와는 아무 상관없는 일에 공연히(아무 까닭 없이) 간섭하거나 참견한다는 말.

대추나무에 연 걸리듯 이집 저집서 돈을 빌려 빚을 많이 진 것을 빗대어 이르는 말. 대추나무에는 잔가시가 난 억센 가지들이 얼키설키 다발로 뻗어 있어 연(종이에 댓가지를 가로세로로 붙여 실을 맨 다음 공중에 높이 날리는 장난감)이 잘도 엉겨 붙는 데서 생긴 말이다.

콧구멍에 낀 대추씨 매우 작고 보잘것없는 물건을 이르는 말.

대추나무 방망이 어려운 일에 무척 잘 견뎌내는 모진(마음씨가 몹시 매섭고 독한) 사람을 이르는 말.

대추씨 같은 사람 키는 작으나 성질이 야무지고 단단한 사람을 빗대어 이르는 말.

작아도 대추 커도 소반 대추는 크기가 작아도 이름에 큰 대(大) 자가 있고, 소반(자그마한 밥상)은 크기가 커도 이름에 작을 소(小) 자가 붙는다는 뜻으로, 상대편의 말을 다른 말로 슬쩍 눙쳐서(좋은 말로 마음을 풀어 누그러뜨리게 해서) 받아넘김을 빗댄 말.

대추를 보고 안 먹으면 늙는다 대추가 노화 방지에 효과가 있다는 말.

대추 세 알이면 죽어가는 사람도 살릴 수 있다 대추의 약효가 아주 좋음을 비유하여 이르는 말.

대추 세 개로 양반은 점심 요기 토종 대추와는 달리 온실에서 키우는 왕대추(사과대추)는 정말로 무척 커서 세 개만 먹어도 시장기를 면할 수 있다는 말.

후추

세계사를 바꾼 강력한 향신료

후추(호초, 胡椒, black pepper)는 후추과의 상록(사철 내내 푸름) 덩굴식물로 4~8미터 내외(안팎)의 긴 넝쿨을 뻗는다. 인도 남부 해안 원산으로 인도·인도네시아·말레이반도 등 열대지방에 분포하는데, 인도 남서 해안 지역인 말라바르(Malabar)에서 생산하는 후추가 맛좋기로 유명하다. 후추는 소금과 맞먹을 정도로 귀하게 평가되고, 돈 대신에 썼기에 '검은 금(black gold)'이라는 별명이 붙었으며, 인도 등지에서 결혼지참금(신부가 시집갈 때에 친정에서 가지고 가는 돈)으로 쓰기도 했다 한다.

후추는 온도와 습도가 높고 반그늘에서 잘 자라며, 환경이 좋으면 무려 40여 년 동안 꽃을 피우고 열매를 맺는다. 덩굴줄기는 나무처럼 단단하고, 마디마디 부착근(다른 물체에 들러붙는 뿌리)이 나온다. 잎은 두꺼운 것이 어긋나고, 가장자리가 밋밋하며, 넓은 달걀 모양이다. 자웅이주(암수딴그루)로 꽃은 하얗고, 꽃이 떨어지고 나면 초록색 다발의 후추 열매가 후추 덩굴에 빽빽하게 뒤룽뒤룽 열리며, 영글면서 붉어진다. 둥근 열매는 지름이 5밀리미터 남짓으로 안에 한 개의 씨가 들었다. 덜 익은 풋열매를 말린 것이 검으면서 쭈글쭈글 주름진 '검은 후추'이고, 좀 더 여문 열매의 껍질을 벗겨서 건조시킨 것이 '흰 후추'인데, 이들을 가루 내어 쓰기도 하고 통으로 쓰기도 한다.

조금 더 보태면, 검은 후추는 설익은 후추 열매를 따서 통째로 뜨거운 물에 데쳐 햇볕이나 건조기로 며칠간 말린 것이고, 흰 후추는 검은 후추보다 좀 더 익은 열매를 거두어 일주일간 물에 재워 과육(열매 살)이 부드럽게 변하면 열매 살을 문질러 벗기고 남은 흰색 씨앗을 꼬들꼬들 말린 것이다.

전 세계 후추 생산량은 베트남이 34퍼센트로 제일 많이 재배, 수출하는 나라이며, 다음이 인도(19%)·브라질·인도네시아·말레이시아 순이라 한다. 후추는 짜릿한 매운맛과 상큼하면서 자극적인 향이 특징인데, 전 세계 모든 양념의 25퍼센트를 차지한다.

또한 고추의 매운 캡사이신(capsaicin)과 피페린(piperine), 캬비신(chavicine), 기름 성분 등이 들었고, 향신료(양념감)로 살균(박테리아, 균류, 바이러스 따위를 죽임)효과가 있을뿐더러 소화 흡수나 식욕 증진을 돕는다. 후추는 무엇보다 고기 누린내나 생선 비린내를 없애는 데 쓰고, 스테이크·샐러드·수프·크림소스 등에 사용되며, 햄과 소시지 같은 가공식품에도 널리 쓰인다.

서양 사람들은 예나 지금이나 식생활의 주가 되는 부분이 쇠고기나 돼지고기 등 육류(고기)이다. 그래서 살균력을 가진 후춧가루

후추 열매. 후추는 덜 익은 상태에서 수확해 건조, 가공한다.

를 듬뿍 쳐서 육류의 부패(썩음)를 예방하고, 느끼한(비위에 거슬리는 느낌이 있는) 누린내를 지워야 했다. 동방(동양 세계)의 진귀한 물건인 비단, 설탕(사탕무)과 함께 후추를 구하려고 온통 눈이 멀었던 까닭이 여기에 있다. 포르투갈이나 영국 등 서유럽 국가들이 물불 가리지 않고 경쟁적으로 동방 원정(식민지 개척)에 박차(다그침)를 가하게 되었고, 우습게도 후추 하나가 이렇게 세계사를 바꾸었다. 콜럼버스도 원래는 후추를 찾아 나섰던 것인데 인도인 줄 알고 상륙한 곳이 신대륙이었다지.

빨갛게 익은 후추 열매

옛날 옛적엔 후추가 워낙 비싸고 귀하여 그 대용(대신하여 다른 것을 씀)으로 우리나라 남쪽 지방에서 나는 '초피나무' 열매를 써왔다. 새빨갛게 익은 열매송이를 따서 까만 씨는 발라(꺼)내고 씨껍질을 가루 내어 양념으로 썼으니 추어탕에는 으레 초피가루를 넣었고, 지금도 애용(즐겨 씀)되고 있다.

후추는 작아도 맵다 흔히 몸집이 작은 사람이 똑똑하여 훌륭한 구실(노릇)을 함을 빗댄 말.

후추는 작아도 진상에만 간다 후추는 작지만 특산물로 임금이나 높은 지위(자리)에 있는 사람에게 바쳐진다는 뜻으로, 몸집이 작거나 나이가 어려도 재능(능력)이 있고 하는 일이 야무짐을 빗댄 말. '진상'이란 진귀한(보배롭고 보기 드문) 물건이나 지방 토산품을 임금이나 고관(지위가 높고 훌륭한 벼슬)에게 바치는 것을 이른다.

후추를 통째로 삼킨다 속 내용은 모르고 겉 형식만 취하는(골라 가지는) 어리석은 행동이나, 속을 파헤쳐 보지 아니하고서는 속내(뒷면)를 알 수 없음을 이르는 말.

단풍

색소와 당분이 펼치는 마술

어느 결(사이)에 가을이 산정(산꼭대기)에서 머뭇거림 없이 우리 곁으로 슬금슬금 기어 내려온다. 봄꽃은 하루에 30킬로미터 속도로 남녘에서 내처(줄곧) 북상하고, 가을 단풍은 한나절에 20킬로미터 빠르기로 지체(늦추거나 질질 끎) 없이 남하한다고 한다. 그리고 산을 고도 100미터 오를 때마다 기온은 섭씨 0.65도씩 내려간다고 한다.

단풍이란 가을의 스산한(흐리고 으스스한) 기운에 나뭇잎이 붉은빛이나 누런빛으로 변하는 현상이다. 활엽수(넓은잎나무)의 마른 잎을 가랑잎 또는 갈잎이라 하며, 말라 비틀어져서 떨어진 나뭇잎을 낙엽(진잎)이라 한다.

수북한 가랑잎 더미 위를 자박자박 걷다가는 두 발로 바닥을 슬슬 끌며 부스럭부스럭 헤집고 나간다. 일엽지추(一葉知秋)라, 나뭇잎 하나 떨어짐을 보고 가을이 왔음을 안다. 이는 작은 일을 보고 앞으로 닥칠 큰일을 짐작한다는 말이렷다!

낙엽귀근(落葉歸根)이란 잎이 떨어져 뿌리로 돌아간다는 뜻으로,

붉게 단풍이 든 나무들(서울 종로구의 창덕궁)

결국은 자기가 본래 났거나 자랐던 곳으로 돌아감을 이르는 말이다. 이렇게 쌓인 진잎은 뿌리를 덮어 어는 것을 막아주고, 또 곱게 썩어 모수(어미 나무)에 흙냄새 물씬 풍기는 기름진 거름이 되어준다.

그런데 만일에 겨울나무들이 잎을 떨어뜨리지 않는다면 한겨울 송곳 추위에 발치(아래쪽)의 땅속 물은 얼어버려 줄기를 타고 오르지 못하고, 가지의 잎에서는 잇따라 물이 증산(식물체 안의 수분이 수증기가 되어 공기 중으로 나감)하여 결국 나무는 말라 죽고 만다. 서둘러 잎을 떨어뜨려 미리미리 겨울 채비를 하는 참으로 속 차고 똑똑한 그들이다.

지리산의 단풍

맞다. 낙엽이란 줄기에 붙은 잎자루 끝에 특수한 세포층인 떨켜가 생겨나 슬쩍 건드리거나 산들바람만 불어도 잎이 맥없이 뚝 꺾인다. 곧 기온이 내려가면서 식물생장호르몬인 옥신(auxin) 농도가 팍 줄어들어 떨켜가 생겨난 탓이다.

식물도 물질대사(신진대사)를 하는지라 노폐물(찌꺼기)이 생긴다. 식물은 동물처럼 콩팥 배설기가 없어 세포 속 '액포(液胞, 물주머니)'에 배설물을 모아 뒀다가 갈잎에 넣어 버린다. 그러므로 낙엽은 일종의 나무 배설(배출) 현상이다.

다시 말해서 단풍이 지는 원리를 액포에서 찾는다. 터질 듯 부푼 액포에는 카로티노이드계 색소인 안토시아닌(anthocyanin)·카로틴(carotene)·크산토필(xanthophyll)·타닌(tannin)은 물론이고 달콤한 당분도 녹아 있다. 안토시아닌은 식물의 꽃과 열매, 잎에 많이 들었고, 산성에서는 빨강, 알칼리성(염기성)에선 파랑, 중성에선 보라색을 내는 색소 화합물이다. 그러니 단풍색이 붉다면 그 단풍은 산성인 것이다.

액포에 당분이 많으면 많을수록 화청소와 당이 결합하여 단풍색이 훨씬 더 곱고 밝다. 가을에 청명한 날이 많고, 낮밤의 일교차가 큰 해에는 전에 없이 단풍이 더 예쁘다고 한다. 거참, 알고 보니 사람의 눈을 홀리는 단풍색은 화청소(식물의 세포액 속에 들어 있어서 빨강, 파랑, 초록, 자주 따위의 빛깔을 나타내는 색소)와 여러 색소, 그리고 당분의 농도가 부린 마술이었구나!

가랑잎에 불붙듯 바싹 마른 진잎에 불을 지르면 걷잡을 수 없이 잘 탄다는 뜻으로, 성미(성질)가 급하고 도량(아량)이 좁음을 빗댄 말.

가랑잎으로 눈 가리기 자기의 실체나 허물을 숨기려고 미련하게 애씀을 이르는 말.

가랑잎으로 똥 싸 먹겠다 잘살던 사람이 별안간 몹시 가난해졌다는 말.

가랑잎이 솔잎더러 바스락거린다고 한다 자기의 흉은 생각하지도 않고 도리어 남의 허물만 나무람을 이르는 말.

구시월 세단풍(細丹楓) 음력 구시월의 섬세하고 곱디고운 단풍, 또는 당장 보기에는 그지없이 좋아 보여도 얼마 가지 않아 흉하게(언짢거나 징그럽게) 될 것임을 비유하여 이르는 말.

단풍도 떨어질 때에 떨어진다 무엇이나 다 제때가 있다는 말.

바위를 베개 삼고 가랑잎을 이불로 삼는다 북한어로, 무척 힘들게 지냄을 빗대어 이르는 말.

봄 백양 가을 내장 봄에는 내장산국립공원에 위치한 백양산 비자나무 숲의 신록(잎의 푸른빛)이, 가을에는 내장산의 단풍이 절경(더할 나위 없이 훌륭한 경치)이라는 말.

고욤나무

감의 씨에서 고욤 날까?

고욤나무(소시, 小柿, date plum)는 감나무과의 낙엽교목(갈잎큰키나무)으로 남서 아시아나 남동 유럽이 원산지로 동아시아(한국·중국·일본)에서 중동, 유럽(스페인)까지 널리 분포한다. 한국에서는 중부 이남의 마을 근처나 산비탈 계곡에서 곧잘 자라는데, 열매가 대추(date)와 자두(plum) 맛이 난다 하여 영어로는 date plum이라 부른다.

고욤나무

고욤나무는 줄잡아 10미터 넘게 말쑥하고 훤칠하게 자란다. 잎은 어긋나기 하고, 두꺼운 것이 윤이 나며, 긴 타원형으로 끝이 좁아져 뾰족하다. 톱니는 없으며, 감나무나 돌감나무 잎에 비해 매우 작고 아주 좁다. 암꽃과 수꽃이 딴 나무에 피는 자웅이주(암수딴그루)다. 불그스레한 자줏빛이 도는 자잘한 꽃이 다닥다닥 잔뜩 달리고, 그것들이 거의 다 열매가 된다.

고욤나무 열매

와글와글 매달린 똥그랗고 땡글땡글한 꼬마 열매는 지름 1.5센티미터로 노란 갈색으로 여물고, 수분이 날아가면 건포도처럼 까맣게 쪼글쪼글해지며, 따지 않고 나무에 둔 것은 겨울새들의 먹잇감이 된다. 필자가 어릴 적에는 서리가 내린 뒤에 농익은 것을 따서 장독대 단지(항아리)에 넣어 뒀다가 겨울 밤참(밤중에 먹는 음식)으로 먹곤 하였지.

미리 말하지만 홍시나 곶감을 먹고 그 씨를 터앝(베란다나 집의 울안에 있는 작은 밭)에 심으면 돌감나무가 난다. 흔히 고욤나무를 감나무의 야생종으로 여겼으나 실제로는 아주 색다른 종이고, 고욤 씨를 심어야 고욤나무가 생긴다. 감의 씨에서 고욤이 나온다고 여기게 된 것은 아마도 바탕나무(접을 붙일 때 그 바탕이 되는 나무)인 고욤나무에 감나무를 접하므로 감의 씨에서 고욤이 생길 것이라는 오해에서 비롯된 것이리라. 암튼 필자도 여태껏 감의 씨에서 고욤이 생겨난다고 착각(혼동)했으니 유구무언(입은 있어도 말은 없음)일 따름이다.

돌감나무는 우리나라 중부 이남의 양지바른 산속에 자생한다. 열매는 감보다 작지만 고욤보다 훨씬 크며, 감보다 덜 떨떠름하고, 씨가 아주 촘촘히 박혔다. 야생에서 자란다고 '돌감나무', 산에 난다고 '산감', 작다고 '애기감나무'라고도 한다.

이렇게 자신만만하게 감의 씨에서는 고욤나무가 아니고 돌감나무가 난다고 주장하는 것은 그 사실을 확인한 사건이 있었기 때문이기도 하다. 나름대로 애가 닳아 묻고 또 묻고, 자료를 찾고 또 찾던 중에 가꾸던 텃밭에서 확증을 얻기에 이른다. 분명히 감의 씨에서는 고욤이 아니고 돌감이 생김을!

그렇다. 어려운 숙제를 풀고 나니 해묵은 체증이 확 뚫리는 순간이었다. 집 안의 음식 쓰레기를 1년 내내 텃밭에 줄줄이 내다 버리는데, 집에서 즐겨 먹던 단감·대봉홍시·고종시곶감 씨들이 쓰레기에 묻어 와 돌감나무가 생겨났던 것이다. 마땅히 고욤 근방에 간 적도 없었으니 고욤 싹일 리는 만무하다.

두 살짜리와 올 햇것 두 포기가 떡하니 먼 거리를 두고, 나란히 밭둑에 우뚝 서 있다. 밉게 보면 잡풀 아닌 것이 없고, 곱게 보면 꽃 아닌 것이 없다 했지. 하마터면 그전처럼 선입관 탓에 웬 놈의 고욤나무냐 하고 쑥 뽑아버리고 말았을 것이나, 그것이 감 닮은 돌감임을 알고선 정성껏 흙을 그러모아서 널찍하게 자리를 마련해주었다. 돌감이 열릴 때까지 키워볼 참이다.

감과 고욤은 두들겨 따야 잘 열린다 북한어로, 감이나 고욤은 열매 달린 가지를 두들겨 따야 이듬해에 햇가지가 잘 자라고 열매가 많이 달린다는 뜻이며, 무슨 일이든지 이치(논리)에 맞게 하여야 큰 성과를 얻을 수 있다는 말.

고욤 맛 알아 감 먹는다 비슷한 일에 대한 경험을 통해서 어떤 일을 하게 된다는 말.

고욤 일흔이 감 하나만 못하다 보잘것없는 것이 제아무리 많더라도 훌륭한 것 하나보다 못하다는 말.

고욤이 감보다 달다 작은 것이 큰 것보다 외려 알차고 질이 좋음을(좋을 때를) 이르는 말.

까마귀 고욤을 나무랄 때가 있다 가장 즐겨 하는 것도 사양(거절)할 때가 있다는 말.

까마귀가 고욤을 마다할까 본디 좋아하는 것을 짐짓(마음으로는 그렇지 않으나 일부러 그렇게) 싫다고 거절함을 비꼬아 이르는 말.

떫기로서니 고욤 하나 못 먹으랴 다소(어느 정도로) 힘들다고 하지만 그만한 일이야 참을 수 있다는 말.

옻나무

세계를 사로잡은 옻칠 도료의 원천

옻나무(칠목, 漆木, lacquer tree)는 옻나무과에 속하는 낙엽교목(갈잎큰키나무)이다. 옻이란 옻나무에서 나오는 나뭇진(수액)을 일컫는 말로 피부염을 일으킨다. 사람에 따라 옻나무를 슬쩍 스치기만 해도 심한 알레르기(allergy)를 일으켜 습진까지 유발(일어나게)한다.

옻나무 꽃

그러므로 옻을 타는 사람은 옻나무에 맨살이 닿거나 옻닭 같은 음식을 먹으면 옻 중독이 생기므로 절대 멀리해야 한다. 옻나무에 닿으면 10분 안에 독물질의 태반(반수 이상)이 살갗에 흡수되기 때문에 마땅히 곧바로 비누로 씻는 것이 상책(좋은 방법)이다.

필자가 어린 시절, 땔나무하고 소꼴 베던 때에 옻이 올라 된통(되게) 혼이 난 기억이 아직도 생생하다. 얼굴과 몸이 퉁퉁 붓고, 무진장 가려운 것이 온몸이 헐어빠진 탓에 말 그대로 나환자(문둥이) 꼴이 된 적이 있다. 그런데 옻은 지저분하고 더럽게 해야 낫는다고 하여 고양이 세수조차도 하지 않고 배기면서(견디면서) 생쌀을 콩콩 찧어 얼굴에 덕지덕지 발랐었다.

옻나무 즙에 들어 있는 우루시올(urushiol)이란 물질이 옻을 오르게 하는데, 우루시올은 옻을 타지 않는 사람은 문제가 없으나 예민한 사람에게는 고통을 안긴다. 일단 한번 옻이 오른 사람도 옻나무에 닿으면 또다시 걸리고, 칠기 등에 옻칠을 하거나 옻에서 풍기는 증기를 마셔도 걸린다.

옻나무는 중국이 원산지로 중국과 한국, 일본에 주로 난다. 보통 산허리(산중턱)의 비탈이나 서늘한 숲속에 자생하고, 예전엔 흔하게 야생했으나 모두 약재나 땔나무로 베어버려 지금은 찾아보기 힘든 까닭에 일부러 재배하기에 이르렀다. 또 옻나무는 가볍고 무늬가 고와서 가구재(가구를 만드는 데 쓰는 재료)로도 쓴다.

나무는 훤칠하게 20미터까지 자라고, 수피(나무껍질)는 회색이

옻나무 열매

며, 어릴 때는 가지에 털이 있다가 묵어가면서 없어진다. 옻나무는 자웅이주(암수딴그루)이지만, 자웅동주(암수한그루)도 있다. 잎은 어긋나고, 겹잎으로 소엽(잔잎)은 보통 11~13개로 마주 달리며, 달걀 모양으로 가장자리가 밋밋하고, 가을이면 어느 나무보다 제일 먼저 새빨간 단풍으로 예쁘게 물든다.

옻나무 껍질에 상처(흠집)를 내면 수액이 나온다. 보통 10년짜리 원줄기를 날카로운 칼끝으로 수평으로 5~10줄을 죽죽 길게 긋고, 거기서 나오는 생즙을 받는다. 그러나 요즈음은 석유화학 도료(칠감)에 밀려 옻나무 재배가 뜸해지고 있다 한다.

시장에서 파는 옻나무 껍질

옻으로 만든 옻칠 도료는 썩거나 삭음을 막고, 변색되지 않아 널리 사용되었다. 옻칠은 방수 효과가 있고, 재질을 딱딱하고 투명하게 만들며, 반짝반짝 아름다운 광택을 내기에 책상·탁자·악기·만년필·활·귀금속에 광택제로도 쓴다. 무엇보다 옻칠한, 광채가 나는 자개(조개껍데기) 조각을 여러 가지 모양으로 박아 넣거나 붙인 칠기(옻칠과 같이 검은 잿물을 입혀 만든 도자기)인 나전칠기는 한국 고유의 공예품으로 세계에 널리 알려졌다.

기와집(뒷간)에 옻칠하고 사나 기와집이나 뒷간(측간)에 값비싼 옻칠을 하고 살겠느냐는 뜻으로, 매우 인색하게 굴면서 재물을 모으는 사람을 이르는 말.

부러진 칼자루에 옻칠하기 쓸데없는 일에 고생함을 비꼬아 이르는 말.

옻(을) 올리다(오르다) 옻이 올라 살갗이 헐고, 오돌토돌 종기(부스럼)가 돋음을 이르는 말.

조리에 옻칠한다 소용없는(쓸데없이) 엉뚱한 일에 괜히 마음을 쓰거나 격에 맞지 않게 꾸며서 도리어 흉하게 보임을 이르는 말. 조리란 쌀을 이는(물을 붓고 이리저리 흔들어서 쓸 것과 못 쓸 것을 가려내는) 데에 쓰는 기구로, 가는 대오리(가늘게 쪼갠 댓개비)나 싸리 따위를 결어서(서로 어긋나게 엮어 짜서) 만든다. 음력 정월 초하룻날 새벽에 부엌이나 안방, 마루 벽에 걸어 그해의 복을 조리로 일어 얻는다는 복조리도 조리다.

사진 출처

12쪽, 17쪽, 18쪽, 20-21쪽, 24쪽, 25쪽, 31쪽, 43쪽, 44쪽, 46쪽, 48쪽, 49쪽, 56쪽, 58쪽, 64쪽, 68쪽, 70쪽, 71쪽, 74쪽, 76쪽, 80-81쪽, 84쪽, 85쪽, 86쪽, 88쪽, 102쪽, 106쪽, 109쪽, 116쪽, 120쪽(송이버섯), 129쪽, 136쪽, 140쪽, 144쪽, 145쪽, 147쪽, 148쪽, 153쪽, 157쪽, 159쪽(동치미 제외), 162쪽, 164쪽, 170쪽, 173쪽, 174쪽, 177쪽, 178쪽, 182쪽, 190쪽, 195쪽, 196쪽, 200쪽, 201쪽, 208쪽, 213쪽, 216쪽, 222쪽, 223쪽, 231쪽, 235쪽, 237쪽, 238쪽 shutterstock.com

13쪽, 35쪽, 50쪽, 63쪽(감자꽃), 66쪽, 93쪽(까마중), 97쪽, 98쪽, 114쪽, 186쪽, 187쪽, 192쪽, 193쪽, 217쪽, 226쪽 ©이원중

22쪽, 28쪽, 38쪽, 40쪽, 132쪽, 171쪽, ©지경옥

60쪽, 227쪽 pixabay.com

110쪽 Rasbak/ commons.wikimedia.org (CC BY-SA 3.0)

120쪽 (국수버섯) Dan Molter (shroomydan) at Mushroom Observer/ commons.wikimedia.org (CC BY-SA 3.0)

(능이버섯) Holger Krisp / commons.wikimedia.org (CC BY-SA 3.0)

121쪽 (표고버섯) Ezonokuma/ commons.wikimedia.org (CC BY-SA 3.0)

124쪽 Thayne Tuason/ commons.wikimedia.org (CC BY-SA 4.0)

128쪽 Bubba73 (Jud McCranie)/ commons.wikimedia.org (CC BY-SA 4.0)

159쪽 (동치미) Korea.net/ 한국문화정보원/ commons.wikimedia.org (CC BY-SA 2.0, 변경)

205쪽 서울역사박물관 소장/ museum.seoul.go.kr

206-207쪽 Bostonian13/ commons.wikimedia.org (CC BY-SA 3.0)

211쪽 Sminthopsis84/ commons.wikimedia.org (CC BY-SA 3.0)

230쪽 Σ64/ commons.wikimedia.org (CC BY-SA 3.0)